CW01638271

Solitudes et sociétés

QUE SAIS-JE ?

Solitudes et sociétés

MICHEL HANNOUN

Médecin
Ancien Rapporteur du Budget de la Santé
à l'Assemblée nationale
Vice-Président du Conseil national
des Missions locales
pour l'Insertion des Jeunes

DU MÊME AUTEUR

Les racines d'une nouvelle volonté, Reproset, 1978.
Français et immigrés au quotidien, Albatros, 1985.
L'autre cohabitation, L'Harmattan, 1986.
L'homme est l'espérance de l'homme, Rapport sur le racisme et les discriminations en France, La Documentation française, 1987.
Racismes. L'autre et son visage (en collaboration), Editions du CERF, 1988.
Les droits de l'homme en questions (en collaboration), La Documentation française, 1989.
Nos solitudes. Enquête sur un sentiment, Editions du Seuil, 1991, coll. « Points Actuel », 1992.

ISBN 2 13 045226 4

Dépôt légal — 1re édition : 1993, mars

© Presses Universitaires de France, 1993
108, boulevard Saint-Germain, 75006 Paris

INTRODUCTION

La solitude est sans doute l'un des phénomènes les plus marquants de notre société actuelle. Si, selon la Bible elle existe depuis la naissance de l'Homme et si elle a jalonné l'évolution culturelle de notre civilisation, aujourd'hui elle apparaît comme un fait de société, pour tous majeur, et pour certains, inquiétant.

Hier liée à des minorités, aujourd'hui lot commun à des millions d'individus de tous âges, de tous sexes et de toutes conditions, la solitude traverse désormais de part en part notre société. Choisie, la solitude ne pose aucun problème. Elle correspond, dans ce cas-là, à un mode de vie qui porte au triomphe le règne grandissant de l'individualisme.

Subie, la solitude exprime généralement un double malaise : celui des solitaires qui ont du mal à supporter leur condition et celui de la société qui ne parvient pas à les y aider.

Quelle que soit leur nature — volontaire ou pas — les solitudes nourrissent un phénomène dont il est impérieux d'observer les principales ramifications sociales, culturelles et historiques si l'on veut connaître et comprendre son actuel développement.

Bien évidemment, ce développement est d'autant plus crucial, que, d'une part, il nous instruit sur les sentiments privés des individus en rapport avec notre type de société, et que, d'autre part, il est appelé à s'aggraver d'ici ces prochaines décennies...

La connaissance, même sommaire, du phénomène de solitude s'avère donc précieuse au regard de ses enjeux politiques[1] — si on le considère à travers le problème de l'organisation de notre société — et de ses enjeux humains — si on le regarde comme autant de problèmes individuels.

S'il n'existe pas *sui generis* de sociologie ni de psychologie des solitaires, au moins peut-on parler à leur sujet, et par commodité de langage, d'une psychosociologie dont il est intéressant de pénétrer les arcanes. Ce faisant, on découvre le monde des solitudes dans son immense variété : hommes, femmes, jeunes, adultes, personnes âgées, citadins, campagnards, travailleurs de nuit, agriculteurs, immigrés, illettrés... Le monde des solitudes ne dit généralement pas son nom : anonymes et silencieux, les solitaires vivent fréquemment leur condition avec une résignation discrète qui les isole davantage les uns des autres. A tel point que, bien souvent, ils s'ignorent. En revanche, le monde des solitudes révèle plus volontiers son nombre : en 1988, on comptait 10,1 millions femmes seules, 8,3 millions hommes seuls, 3,2 millions veuves, 640 000 veufs... Mais, au-delà des données brutes apportées ici et là par tel ou tel institut d'études, il faut imaginer ce que peut être le sentiment de solitude pour toutes ces personnes qui donnent chair et parfois des larmes à ces statistiques... Essentiel et déterminant, c'est lui qui gradue en valeur et en intensité les différentes situations de solitude que chacun d'entre nous rencontre, un jour ou l'autre, dans sa vie.

De ce sentiment dépendent et s'ensuivent des comportements divers qui ont pour but, avoué ou pas, de diluer la solitude ressentie. Profondément ancrées dans le social, les solitudes connaissent de multiples expressions culturelles. Jusqu'au mot lui-même qui,

1. Le mot « politique » doit être ici entendu au sens étymologique du terme : « de la cité ».

comme un curieux creuset, a accueilli plusieurs sens. Sans doute parce qu'elle est une notion éminemment subjective, on a du mal à résumer la solitude à une notion sociale. Ce pourquoi, peut-être, la plupart des sciences humaines ont du mal à l'appréhender. Jusqu'à présent pas totalement ignorée, mais pas franchement connue non plus, la solitude s'ouvre sur un champ de connaissances scientifiques qui reste encore à défricher. Notre approche culturelle des solitudes serait incomplète si elle ne prenait pas également en compte la variété des représentations qui en sont données par les différents canaux artistiques. Car de la musique à la littérature en passant par le cinéma et la peinture notamment, il est notoire que l'art a plusieurs fois puisé son inspiration à la source des solitudes humaines.

Au reste, si certaines de ces inspirations commencent à fortement dater aujourd'hui, c'est parce que l'histoire des solitudes est déjà très ancienne. Cette histoire, il est utile de la parcourir si l'on veut savoir quels sont les fondements sociaux et culturels de la solitude. En découvrant la solitude ontologique de l'homme, on découvre qu'elle fait partie d'un fonds invariant et inépuisable de l'espèce humaine. Dès lors, il n'est que de regarder l'homme cheminer à travers les siècles qui ont jalonné son histoire pour remarquer que la solitude l'a depuis tout temps accompagné. En accomplissant sa trajectoire historique, la solitude s'est transformée. A la faveur d'une évolution lente et inexorable, elle a modifié ses lieux d'identification et ses significations. De fait, nos solitudes contemporaines n'ont rien de semblable — ou tant soit peu — avec les solitudes d'hier. Et, puisque l'histoire est toujours en marche, il est permis de nous interroger : qu'en sera-t-il des solitudes de demain ?

« Lisez dans ce livre : cette apparence d'occupation colorera votre solitude. »

Shakespeare, *Hamlet*.

« Ce regard solitaire et tendre
Aimerait à se faire entendre ?
Et c'est à lui que je me dois
Puisque vous n'avez pas de voix ? »

Jules Supervielle,
Oublieuse mémoire.

Chapitre I

PSYCHOSOCIOLOGIE DES SOLITAIRES

> « On n'échappe pas à soi-même. »
>
> Youazas Baltouchis, *La Saga de Youza*.

Il n'existe pas une solitude, mais des solitudes. Et celles-ci ne concernent pas une population précise, mais des populations diffuses. Il importe donc de pouvoir identifier les solitaires afin de mieux les connaître. Dans le même esprit, il est intéressant d'analyser les comportements liés à la solitude : l'occasion d'explorer la psychologie des solitaires et les réponses que ceux-ci apportent à leur condition.

I. — Identification des solitaires

1. **Des chiffres et des êtres.** — L'enquête de la COFREMCA *Nos solitudes. Enquête sur un sentiment*, du même auteur (Editions du Seuil) a permis de dresser une sorte de portrait robot du « solitaire » : c'est-à-dire de l'individu qui, quel que soit son environnement (vit seul ou pas seul...), éprouve fréquemment un sentiment de solitude. Il en ressort que l'on trouve davantage de « solitaires » au sein de la population féminine (59%) que dans la population masculine (41%). Que

la plupart ont moins de 65 ans (77%), qu'ils sont célibataires (37%) — quoique 32% des solitaires soient mariés — qu'ils résident en grand nombre dans les villes de plus de 100000 habitants (31%), et que 24% d'entre eux habitent dans les communes rurales. Enfin, on a pu remarquer qu'en ce qui concerne les catégories socioprofessionnelles, aucune d'entre elles n'est, d'une manière significative, touchée par le sentiment de solitude; mais que, en revanche, en marge du marché de l'emploi, chez les retraités, se concentrent un grand nombre de « solitaires ».

Tableau 1

Le sentiment de solitude est plus fréquent → / ↓ Le sentiment de solitude est moins fréquent	Chez les femmes	Chez les moins de 65 ans	Chez les célibataires	Dans les villes (+ 100 000 hab.)	Chez les retraités
Chez les hommes	59 % / 41 %				
Chez les plus de 65 ans		77 % / 23 %			
Chez les personnes mariées			37 % / 32 %		
Dans les communes rurales				31 % / 24 %	
Diverses catégories socio-professionnelles					26 %

Source : COFREMCA.

D'autres caractéristiques ont pu être révélées qui nous indiquent que, d'une façon générale, les solitaires ont du mal à s'adapter aux situations difficiles. Sans doute parce qu'ils redoutent les tensions et les blocages. D'une nature assez spontanée, ils recherchent par contre les situations à travers lesquelles, il est possible d'exprimer leurs émotions ou leurs désirs. S'ils communiquent avec l'environnement dans lequel ils évoluent, cela ne signifie pas pour autant qu'ils sont en accord avec celui-ci. D'où le tiraillement, d'ordre existentiel, entre ce qu'ils connaissent, entre ce qui fait leur vie, d'une part, et leurs désirs, leurs idéaux, d'autre part. La réalité leur apparaissant profondément insatisfaisante, il est dans leur habitude de ne pas cultiver un esprit trop cartésien, de fuir tout ce qui est logique ou rationnel, et de s'intéresser par contre, à l'astrologie, la cartomancie et autres divinations. Et si, contrairement à une idée fort répandue, on ne sent pas chez les solitaires un sentiment de profond désarroi, il demeure que la modernité, et son cortège d'incertitudes et d'égoïsmes, ne leur paraissent pas de nature à les rassurer.

Si l'on veut affiner les traits du solitaire, il nous faut distinguer « le solitaire-seul » du « solitaire-pas seul ». Ainsi on observera sommairement que « le solitaire-seul » mène une vie bien organisée, qu'il sort peu car il préfère regarder la télévision ou écouter la radio. Ses attaches sont réduites par rapport à la vie matérielle et émotionnelle. Et, tandis qu'il cultive un faible sentiment d'aise, et qu'il se soucie peu des soins du corps, il accorde en revanche une attention majeure à son alimentation.

« Le solitaire-pas seul », lui, est constamment en quête de plaisirs, de distractions et d'émotions. D'une nature assez impulsive, il a tendance parfois à tout vouloir « laisser tomber », d'autant que « les solitaires-pas seuls » sont généralement des individus qui ont vécu pas mal de changements dans leur vie. Cause ou conséquence de ces avatars ?... Toujours est-il que « le solitaire-pas seul » connaît par ailleurs quelques difficultés à communiquer.

2. **Le solitaire face à lui-même.** — La solitude touche donc les personnes seules mais aussi celles qui ne sont pas seules. Pour preuve, 22 % des Français qui ne vivent pas seuls disent éprouver souvent un sentiment de solitude, cependant que 47 % des personnes qui vivent seules font le même aveu. A l'inverse, on constate que 78 % des personnes qui ne vivent pas seules n'éprouvent pas fréquemment un sentiment de solitude, et qu'ils sont 53 % à déclarer la même chose parmi les personnes qui vivent solitairement.

Etablis sur la base d'un échantillonnage de 2 500 personnes de 15 ans et plus, ces statistiques montrent que la solitude physique — autrement dit l'isolement — double la fréquence du sentiment de solitude mais que, par ailleurs, il n'est pas nécessaire d'être (objectivement) seul pour connaître ce sentiment. Mais si l'isolement double statistiquement la fréquence du sentiment de solitude, c'est parce que le solitaire établit un rapport affectif entre la situation objective qu'il occupe et la signification personnelle qu'il lui donne. Un tel rapport se détermine toujours en relation avec l'extérieur qui définit l'isolement. Ce qui explique que, parallèlement aux personnes qui vivent seules et qui se sentent seules, on trouve des personnes qui, sans être seules, ont le sentiment de l'être.

On comprend donc que l'isolement se vit d'abord dans un rapport de soi aux autres, et que la solitude, elle, se vit prioritairement dans un rapport de soi à soi. *Autrement dit, la solitude ne se vit pas seulement ni nécessairement à travers une situation d'isolement physique mais sur différents modes d'intériorisation personnelle.*

Tableau 2

2500 personnes de 15 ans et plus / Année 1989	Personnes ne vivant pas seules	Personnes vivant seules
Total	83 %	17 % (Cofremca) [1] / 10,6 % (Insee) [1]
Eprouvent souvent un sentiment de solitude	22 %	47 %
N'éprouvent pas souvent un sentiment de solitude	78 %	53 %

([1]) La différence entre ces deux chiffres tient au fait que la base des calculs de la COFREMCA repose sur un sondage effectué sur un échantillon de 2 500 personnes.

Source : COFREMCA.

La solitude est la chose la mieux partagée au sein de notre société : un individu sur trois se sent seul tandis que deux sur trois sentent qu'ils pourraient l'être. C'est dire combien la solitude concerne tout le monde, et qu'elle est vécue d'une façon très personnelle, subjective et intérieure. Ressentie plus que connue, éprouvée plus que vécue, la solitude est victime de mauvaises représentations. Elle souffre d'un déficit d'images positives. *C'est pourquoi, la solitude apparaît aux yeux de beaucoup comme une situation crainte, suspecte et dévalorisante; alors même qu'elle correspond en réalité à des vécus psychologiques très différents.*

Si bon nombre de personnes, en France, ont une représentation négative de la solitude, c'est en partie parce que notre société contemporaine la finance à coup et à coût de spots publicitaires avec grande production d'images dans laquelle la famille ou le couple sont souvent mis en scène. En revanche, elle réserve au solitaire à peine plus qu'une part de surgelé ou la compagnie d'un chat qui, au reste, lui ravit la vedette avec sa boîte de kit et kat! Il est significatif de constater, à cet égard, que 83% des français pensent que les gens les plus heureux sont ceux qui vivent en couple (*Francoscopie*, 1989, Gérard Mermet).

Par ailleurs, on observe que la solitude est considérée comme étant assez ou tout à fait insupportable par l'ensemble des Français, et que seulement 38 % d'entre eux la tiennent pour un peu ou pas du tout insupportable. Mais cette perception globalement négative de la solitude par celles et ceux qui, en fait, ne la connaissent pas véritablement (puisqu'ils ne vivent pas

Tableau 3

Représentations de la solitude dans la société	Auprès de l'ensemble des Français	Auprès des personnes vivant seules
La solitude est tout à fait insupportable	42 %	28 %
La solitude est assez insupportable	18 %	-
La solitude est un peu insupportable	21 %	-
La solitude n'est pas du tout insupportable	17 %	29 %

Source : COFREMCA

seuls) mériterait d'être confrontée à la perception plus significative, plus réelle et plus authentique des personnes qui, elles, vivent seules. Or, que constatons-nous précisément chez ces personnes ? Qu'il y en a presque autant pour dire que la solitude est tout à fait insupportable, qu'il y en a pour dire que la solitude n'est pas du tout insupportable : 28 % (« tout à fait insupportable ») contre 29 % (« pas du tout insupportable »). Comme quoi, en définitive, *la représentation de la solitude est plus négative chez les non solitaires plutôt que chez les solitaires.*

3. **Des groupes de solitaires.** — Sur la base de 55 millions de Français, l'INSEE a établi qu'il y avait 18,4 millions de personnes seules (soit 1 sur 3,35 % de la population). Parmi ces 18,4 millions de personnes seules, on compte plus de femmes (10,1 millions) que d'hommes (8,3 millions). Une supériorité féminine que l'on retrouve dans le divorce (1,1 million divorcées pour 830 000 divorcés), et surtout dans le veuvage (3,2 millions veuves pour seulement 640 000 veufs). En revanche, on dénombre plus d'hommes célibataires (6,8 millions) que de femmes célibataires (5,8 millions). Très régulièrement, au cours de ces vingt dernières années, la baisse du nombre des personnes par ménage s'est accentuée. Particulièrement dans les villes, et plus particulièrement encore chez les jeunes célibataires. Mais les nono-ménages sont essentiellement constitués de personnes âgées. *Avant 55 ans, ce sont plutôt les hommes qui vivent seuls, surtout en milieu rural. Après 55 ans, plus de trois quarts des personnes seules sont des femmes.*

La taille des ménages se réduit d'une manière continuelle tandis que la solitude progresse. L'INSEE considère qu'en l'an 2000, il y aura 28,1 % de ménages d'une seule personne et que 11,7 % des Français vivront seuls. Le nombre des familles monoparentales augmente également d'une façon très sensible puisqu'alors qu'on en comptait 887 000 en 1982, on en a recensé 1,15 million en 1988. Les adultes qui élèvent seuls un ou plusieurs enfants sont en très grande majorité des femmes. Divorce, séparation de corps, rupture des couples non mariés mais avec enfants constituent la source principale de formation des familles monoparentales.

Tableau 4

<table>
<tr><th>Population totale</th><th>Personnes seules</th><th>Femmes seules</th><th>Hommes seuls</th></tr>
<tr><td rowspan="7">55 millions</td><td rowspan="7">18,4 millions</td><td>10,1 millions</td><td>8,3 millions</td></tr>
<tr><td>dont Célibataires</td><td>dont Célibataires</td></tr>
<tr><td>5,8 millions</td><td>6,8 millions</td></tr>
<tr><td>dont Veuves</td><td>dont Veufs</td></tr>
<tr><td>3,2 millions</td><td>640 000</td></tr>
<tr><td>dont Divorcées</td><td>dont Divorcés</td></tr>
<tr><td>1,1 million</td><td>830 000</td></tr>
</table>

Source : INSEE

Comprenant indifféremment des hommes et des femmes, des catégories de population existent qui sont directement ou indirectement touchées par la solitude. La tentation de grouper des solitaires au sein de catégories sociales est d'autant plus vive et légitime que ceux-ci ont souvent le sentiment d'appartenir à une minorité ou à une population marginale. Il en va ainsi des personnes âgées comme de certaines femmes qu'on ne peut pas pour autant considérer comme des exclues.

On entend, en effet, traditionnellement par exclues les personnes âgées, handicapées et celles qui connaissent des problèmes d'inadaptation sociale.

Le phénomène de l'exclusion est devenu à ce point préoccupant que l'Etat s'est employé à le juguler à travers notamment la création du ministère de la solidarité nationale et, corrélativement, la mise en place d'aides financières au bénéfice des personnes concernées.

Extrêmement ramifié, le monde des exclus s'étend à celui des chômeurs et des illettrés qui souffrent pareillement d'une solitude invisible et sournoise... *Toutefois, l'âge n'est pas en soi un facteur d'exclusion. Il faut pour qu'il le devienne réellement que se surajoutent aux années des problèmes de santé ou de pauvreté.* Particulièrement perverses sont les exclusions qui sont vécues en termes de dépendance.

Les personnes âgées. — C'est le cas de la plupart — sinon toutes — de ces personnes âgées qui, en France, sont atteintes d'une incapacité moyenne ou sévère (1,8 million selon le Conseil économique et social). Privées de leur autonomie, elles doivent compter sur les autres. De sorte que quand les autres sont absents, elles se retrouvent seules. *C'est donc bien à travers l'exclusion et la dépendance, et plus exactement l'exclusion par la dépendance, que s'exprime la solitude de certaines personnes.*

Dans *Francoscopie*, 1991, Gérard Mermet fait état d'une enquête qui révèle que « les principaux signes de vieillissement craints par les Français pour eux-mêmes sont : la dépendance vis-à-vis des autres (49%); la dégradation physique (48%); la perte de mémoire (37%) »; la solitude venant en quatrième position de ce classement, avec la diminution des facultés intellectuelles, soit avec 36% des personnes sondées. De surcroît, la mise en retraite est parfois ressentie comme une mise à l'index. Par ailleurs, les personnes âgées voient leur univers relationnel singulièrement se rétrécir au fur et à mesure qu'elles vieillissent. Toutefois, généralement la famille est là qui perpétue le jeu des solidarités naturelles. D'une manière assez significative, plus de 75% des enfants mariés habitent à moins de 20 km d'une, au moins, des familles d'origine (enquête INED). Sans nul doute, cette proximité traduit la volonté des familles de ne pas trop s'éloigner de leurs membres (fondateurs). D'ailleurs, lorsqu'on étudie la fréquence des relations qui sont entretenues par les Français avec leurs parents (de plus de 70 ans), on remarque que 58% d'entre eux voient leurs parents assez fréquemment (soit 42% une fois par semaine et 16% plusieurs fois par mois), tandis que 18% ne leur rendent visite qu'une fois par mois, 22% moins souvent, et seulement 1% jamais.

Tableau 5

Fréquence des relations avec des parents de plus de 70 ans	Une fois par semaine	Plusieurs fois par semaine	Une fois par mois	Moins souvent	Jamais
%	42 %	16 %	18 %	22 %	1 %

Source : INSEE.

Néanmoins si la famille constitue l'un des derniers bastions contre la solitude (un sondage effectué par le journal *Notre Temps* a révélé que 58 % des personnes âgées estimaient assez satisfaisante ou très satisfaisante l'aide de leurs proches), elle n'en reste pas moins impuissante devant le phénomène de médicalisation que connaît ce qu'il est convenu d'appeler le quatrième âge.

On vit, en effet, de plus en plus longtemps sans que la médecine puisse avoir raison des multiples maladies qui accompagnent généralement les vieillards jusqu'à leur dernière heure. D'où ce type de constat : 70 % des Français meurent à l'hôpital. Des décès qui, pour ce qui concerne les personnes âgées, sont l'aboutissement fréquent de longs séjours hospitaliers. Séjours au cours desquels des personnes handicapées ou souffreteuses, et en tout cas humiliées par leur dépendance, se retrouvent collectivement isolées. Sur les 10 millions de personnes âgées de 60 ans et plus, 60 000 vivent ainsi dans des établissements hospitaliers, cependant qu'elles sont 564 000 à habiter ailleurs que chez elles, 88 000 dans des logements-foyers, 302 000 dans des hospices ou maisons de retraite, 53 000 vivent dans des communautés religieuses, et 34 000 dans des hôpitaux psychiatriques.

Tableau 6

Lieux de résidence	Ailleurs que chez elles	Hospices ou maisons de retraite	Logements-foyers	Etablissements hospitaliers	Communautés religieuses	Hôpitaux psychiatriques
sur total de 10 millions de 60 ans et plus	564 000	302 000	88 000	60 000	53 000	34 000

Source : *Francoscopie*, 1991.

Les personnes handicapées. — Mais il n'est pas nécessaire d'être vieux pour être handicapé : des personnes de tout âge, atteintes d'un handicap, vivent elles aussi, dans une certaine mesure, à l'écart de ceux qui ne se définissent pas comme leurs semblables... *Cruelle blessure à l'amour propre et à la chair de celle et de celui qui en est affecté, le handicap est aussi une entrave à la sociabilité* : il dérange la notion même de normalité physique à laquelle nous sommes tous fondamentalement attachés.

D'ailleurs, il est assez révélateur qu'on entretienne le flou sur le nombre des personnes handicapées qui existent en France. Suivant les rapports, les chiffres varient du simple au quintuple ! Incurie ou mauvaise conscience ?

Toujours est-il qu'on paraît vouloir se dédouaner par des transferts de ressources importants : la dépense la plus substantielle de l'Etat concerne l'aide aux personnes handicapées (2,8 milliards de francs, *Données sociales,* 1990). L'INSEE, pour sa part, donnait en 1980, une fourchette de 5 à 6 millions de personnes touchées par des handicaps de toute sorte. En ce sens, plusieurs catégories de handicaps existent suivant leur nature : on distingue ainsi les handicaps sensoriels (aveugles et amblyopes, sourds et mal entendants...), moteurs (amputés, paralysés...), mentaux (malades mentaux, débiles...) et les handicaps par suite de maladie interne chronique (cardiaques, rhumatisants, hémophiles, diabétiques, tuberculeux, asthmatiques...).

La loi d'orientation en faveur des personnes handicapées, votée le 30 juin 1985, définit le handicap comme « physique, sensoriel ou mental ». Contrairement au rapport Bloch-Lainé (1967), ce texte législatif ne prend pas en compte dans ses dispositions l'inadaptation ou la difficulté sociales. Quelles qu'elles soient, quelle que puisse être leur nature, bien souvent la solitude inhérente à ces déficiences est vécue sur le mode quotidien de l'humiliation et de l'exclusion.

Les personnes inadaptées. — C'est le cas, également, des personnes illettrées à propos desquelles l'Unesco nous donne la définition suivante : « Est fonctionnellement analphabète une personne incapable d'exercer toutes les activités pour lesquelles l'alphabétisation est nécessaire dans l'intérêt du bon fonctionnement de son groupe et de sa communauté et aussi pour lui permettre de continuer à lire, écrire et calculer en vue de son propre développement et de celui de la communauté » (*La France illettrée*, J.-P. Vélis, Editions du Seuil)[1]. Selon Jean-Louis Borkoski, 1,9 million de Français, en particulier âgés et ayant été peu scolarisés, ainsi que 1,4 million d'immigrés (soit un tiers d'entre eux) connaissent des difficultés insurmontables à parler et à lire le français (*Données sociales*, 1990). Une enquête de l'INSEE, réalisée en 1986-1987, a notamment révélé que 897 000 personnes sont incapables de rédiger un chèque et qu'elles sont dans l'obligation de faire appel à une autre personne pour la résolution de tout problème administratif.

Si l'on affine les chiffres, on découvre que 750 000 adultes valides ne parlent pas notre langue, 1,3 million la parlent sans la lire. 2,3 ne l'écrivent pas, 3,3 millions ne la comprennent qu'imparfaitement (au nombre desquels les 1,4 million d'immigrés). *L'exclusion par la dépendance aux autres, comme pour les personnes âgées ou les personnes handicapées, est ici encore patente.* Invisible, la solitude dont sont victimes les illettrés ne se fait pas moins cruellement ressentir par eux. Car bien qu'on proclame à tue-tête le triomphe de la civilisation des images, celles-ci n'ont pas encore détrôné l'écrit qui, quoi qu'on en dise, maintient son hégémonie.

Comme l'écrit Gérard Mermet (in *Francoscopie*,

1. Le mot « illettrisme » est un néologisme spécifiquement français. Les francophones belges et québécois continuent de parler d' « analphabétisme », les Allemands d'*analphabétismus*, les Italiens et les Espagnols *d'analfabétismo*.

1991) : « Le malheur guette celui qui ne peut pas comprendre ni s'exprimer, dans une société où tout est communication. » De fait, si l'illettrisme n'est pas un phénomène nouveau puisqu'il existait, de surcroît dans les mêmes proportions, au début de notre siècle, en revanche le contexte social, économique et culturel dans lequel il s'inscrit de nos jours s'est modifié du fait de la multiplication des moyens de communication, des évolutions technologiques qui exigent en permanence une plus grande qualification, une plus grande adaptation, ainsi qu'une remise à niveau constante.

L'absence de qualification professionnelle inhérente à cette inadaptation sociale et culturelle que représente l'illettrisme est parfois à la source d'une absence de travail, elle-même facteur d'exclusion. Un problème que connaissent bien les chômeurs longue durée dont le nombre ne cesse de se multiplier depuis ces dernières années. Depuis six ans le chômage se maintient autour des 10 % de la population active (pour 2,5 % au Japon, 5,1 % au Etats-Unis, 6,1 % au Royaume-Uni, 7,1 % au Canada et 7,5 % aux Pays-Bas en 1990), et ses caractéristiques deviennent de plus en plus alarmantes.

En 1988, une enquête de l'INSEE a révélé que la durée moyenne du chômage en France était de seize mois, sachant que les plus de 50 ans et les femmes sont particulièrement menacés par le chômage longue durée. Ainsi on a pu observer, en mars 1989, que l'ancienneté moyenne du chômage était supérieure à deux ans pour les chômeurs âgés d'au moins 50 ans contre moins d'un an pour les jeunes de 15 à 24 ans. Par ailleurs, on a remarqué que l'absence d'emploi sur une longue période n'est plus l'apanage des personnes qui connaissent des handicaps physiques ou culturels.

Aujourd'hui, n'importe qui peut être menacé par cette douloureuse rupture d'avec le monde du travail.

Certains même — les plus isolés d'entre ces chômeurs longue durée — iront rejoindre la cohorte des RMI ; grossissant ainsi la frange des « nouveaux pauvres ».

Les femmes. — Enfin, *les femmes sont elles aussi particulièrement menacées par la solitude bien qu'elles ne la vivent pas sur un régime d'exclusion sociale.* A vrai dire, il n'y a aucune asociabilité dans la solitude féminine. Telle femme mariée maintient l'apparence du lien matrimonial qui existe avec son époux tandis que telle autre, veuve, semble parfaitement faire le deuil de son mari depuis longtemps disparu. Mais en réalité, qu'en est-il ? Certes, il est des solitudes qui s'affichent, mais est-ce toujours le cas ?

Inégaux devant la mort (l'espérance de vie masculine est de 72 ans alors que l'espérance de vie féminine est de 81,3 ans), les hommes et les femmes le sont également devant la solitude. Passé 60 ans, il y a 2,1 millions femmes seules pour seulement 560 000 hommes dans la même situation. Cet écart algébrique est surtout étayé par une différence de vécu de la solitude, et ce, quel que soit l'âge des femmes concernées par elle. Car si sur 10 millions de femmes seules, 8 millions sont jeunes et que 7 millions d'hommes sont dans le même cas (ce qui revient à dire qu'il y a presque autant d'hommes seuls que de femmes seules) pour des raisons sociales et culturelles les unes et les autres vivent différemment leur solitude.

Pour de plus en plus de personnes de moins de 35 ans, le célibat est une étape sur le chemin qui mène au mariage ou au concubinage. Parfois même, il est une fin en soi. Evelyne Sullerot observe l'évolution de la tendance à la vie solitaire en deux temps : « De 1973 à 1983, on boude le mariage au profit de l'union libre, à partir de 1983, on la délaisse à son tour pour vivre seul. Les solitaristes se développent ».

Signe des temps modernes qui glorifient l'individualisme, cette vocation pour le célibat a fait table rase des anciennes « institutions » incarnées par les « vieilles filles », les « vieux garçons » et autres « célibataires endurcis ». Aujourd'hui, pour célébrer le triomphe du célibat féminin, on parle des « célibattantes » : vocable par lequel on désigne le caractère pugnace et implicitement victorieux qui est donné à ce statut d'un genre particulier. Il est vrai que lorsqu'il exprime une option de vie, le célibat féminin correspond bien souvent à une volonté de reconquête à la fois sociale, économique et culturelle des femmes sur les hommes. Dans cet esprit, le travail est utilisé comme un instrument de pouvoir dont l'exercice assure à ses bénéficiaires une reconnaissance sociale, une autonomie et parfois même une confiance illimitée dans leur capacité à se passer des hommes... 70 % des femmes non mariées ont un emploi. Au nombre de celles qui ont moins de 30 ans, seulement 4 % n'ont jamais travaillé. C'est dire combien le travail constitue une valeur rayonnante de notre société ! Néanmoins, cette vocation grandissante pour le célibat subit parfois certains accommodements. En ce sens, l'INSEE a établi qu'un homme seul sur quatre et une femme seule sur trois s'affirment « engagé dans une relation amoureuse stable ».

Il existe donc de nos jours plusieurs façons de vivre son célibat. Cela est très visible dans la tranche d'âge des 20-35 ans. Au-delà, la solitude est autrement appréhendée par les femmes qui, davantage que les hommes, doivent veiller à ce que le temps n'obture point leur avenir ; les problèmes liés à la maternité étant ceux qui sont généralement posés d'une manière cruciale.

Affichée et même brandie comme un étendard par certaines femmes célibataires, la solitude demeure, en revanche, une blessure pour beaucoup d'autres femmes mariées, divorcées ou veuves... Reléguée sans ménagement à son double rôle d'épouse et de mère, la femme mariée étouffe parfois sous le poids conjugué de son mari avec lequel elle ne communique guère et de ses désillusions qui la minent. Il n'y a pas ici la rupture sociale que viendra (peut-être) plus tard consacrer le divorce, mais le déchirement intime, profond, silencieux et progressif d'une femme qui voit son bonheur lentement se dégrader.

Douloureuse est également la solitude de la femme divorcée qui se trouve brutalement confrontée à toutes sortes de difficultés matérielles, en plus des problèmes d'ordre affectif qui succèdent généralement à une rupture sentimentale. 1,1 million de femmes, en France, sont divorcées. Bien souvent (trois demandes sur quatre), ce sont les femmes qui prennent l'initiative du divorce mais cette initiative ne leur donne pas pour autant plus de courage ni de meilleures dispositions : celle-ci, qui n'a jamais ou bien guère travaillé durant son mariage, devra hâtivement rechercher un emploi (30 % des femmes qui se marient sont sans emploi) ; celle-là découvrira que ceux qu'elle croyait être ses amis sont davantage ceux de son ex-mari ; une autre devra sans cesse lutter pour faire valoir ses droits (13 % des pensions alimentaires ne sont jamais versées tandis que 52 % ne le sont qu'en partie ou avec retard — *Francoscopie,* 1990). Il reste que parmi les femmes qui ont divorcé d'un premier mari, entre 1975 et 1979, la moitié vivent aujourd'hui en couple. Elles ne connaissent donc pas une situation de solitude physique, même si pour 40 % d'entre elles il s'agit d'une simple cohabitation.

Enfin, plus traditionnelle apparaît la solitude des femmes en situation de veuvage; une fatalité qui frappe surtout les femmes en moyenne vers l'âge de 73 ans. La spécificité féminine est patente puisque l'on compte, en France, 3,2 millions veuves pour 640 000 veufs (chiffres INSEE). On compte cinq fois plus de veuves que de veufs parmi les personnes âgées de 60 ans et plus. Ces personnes, suivant qu'elles connaissent un isolement familial ou une solidarité familiale, vivent leur condition différemment. Il semblerait, à ce propos, que le taux d'isolement diminue avec le vieillissement : alors que sept veuves sur dix (qui avaient entre 70 et 74 ans) vivaient seules, en 1982, une sur deux seulement, entre 80 et 84 ans, étaient dans la même situation.

Un lot de consolation pour elles, peut-être : si les femmes sont plus exposées à la solitude que les hommes, c'est qu'elles sont moins précocement qu'eux menacées par la mort.

Tableau 7

	HOMMES	FEMMES
Espérance de vie (moyenne)	72 ans	81,3 ans
Nombre d'années de veuvage (moyenne)	8 ans	16 ans
Nombre de personnes seules passé 60 ans	560 000	2,1 millions
Nombre d'actifs	13,5 millions	10,4 millions

Source : INSEE.

II. — Les comportements des solitaires

1. **Solitude et destructivité.** — *Très mal vécue psychologiquement, la solitude peut générer des comportements qu'il est possible d'associer à des schémas de type patho-*

logique. Destructuration ou destruction de la personnalité ? Il appartient aux spécialistes d'apprécier cas par cas. N'empêche, quel que soit le diagnostic apporté, on constate toujours chez ces solitaires qui ne supportent pas de l'être, la marque du malheur dont ils sont affectés. Ce malheur, c'est avant tout leur solitude à laquelle vient donner forme et vie le sentiment d'être rejeté, ou bien celui de ne plus être aimé, ou bien celui de ne compter pour personne...

Dépression nerveuse. — Pour l'une ou plusieurs de ces raisons et pour cent autres encore, plus de 10 % des Français souffrent de dépression nerveuse (*Francoscopie,* 1991, Gérard Mermet, Editions Larousse). *La plupart de ces dépressions connaissent directement ou indirectement un lien avec la solitude.* Le cas, notamment, de ces chômeurs longue durée qui, parce qu'ils sont en marge du marché de l'emploi, vivent une solitude quotidienne et d'autant plus douloureuse qu'elle leur renvoie une image d'exclu. Le cas, également, de ces personnes divorcées ou séparées qui après plusieurs années de vie commune se retrouvent seules. Solitaire devant son poste de télévision, solitaire devant son assiette, solitaire dans son lit... Qu'est-ce qui mieux que l'enfermement peut conduire à la solitude ? Or, d'une façon générale, on observe chez les personnes dépressives un enfermement psychologique, un repli sur soi caractéristique de la rupture que le sujet opère d'avec le monde extérieur. A ce sujet, il est opportun de relever l'avis d'un spécialiste, le Dr Daniel Wildöcher qui déclare, à propos du dépressif, « il faut éviter de l'exhorter, d'essayer de lui démontrer qu'il n'a pas de raisons de réagir comme il réagit : parce que le déprimé subit involontairement sa dépression. La plupart des déprimés souffrent énormément de toutes ces pressions de l'entourage pour leur démontrer que, *primo*, ils n'ont pas de raisons d'être malades, et *secundo*, qu'ils doivent se secouer, continuer à travailler, à faire du sport, à voir la famille. Ça les épuise... » Et de surcroît ça les mine, très probablement. Au point qu'ils se recroquevillent davantage... On comprend donc que la solitude accompagne assez fréquemment les comportements de détresse générés par les dépressions nerveuses.

Alcoolisme. — De la même façon, on remarque souvent des signes évidents de solitude chez les personnes alcooliques. Soit que ces signes se manifestent avant que cette déviance n'apparaisse (dans ce cas, la solitude peut être la cause du comportement alcoolique), soit que ces signes de solitude se révèlent après la manifestation de cette déviance (dans ce cas, la solitude en est la conséquence). Parmi les statistiques qui existent à propos de l'alcoolisme, on retiendra ce trait saillant : c'est entre 45 et 54 ans que les hommes se révèlent de très grands consommateurs d'alcool. Or, il est intéressant de remarquer que c'est précisément à cette tranche d'âge que l'on a compté, en 1987, le plus grand nombre de dépressifs !

On a noté, par ailleurs, une relation de causalité entre la situation familiale et l'alcoolisation : cependant que 12 % (seulement) des hommes mariés ont un comportement alcoolique, cette tendance s'affirme plus nettement chez 32 % des hommes célibataires. Aussi étonnant que cela puisse paraître, c'est le phénomène inverse que l'on observe dans la population féminine puisque les fortes alcoolémies sont davantage remarquées chez les femmes mariées que chez les femmes seules. La femme mariée alcoolique n'en éprouve pas moins une solitude vive et douloureuse : accablée qu'elle est par le poids de sa culpabilité et de la réprobation sociale auxquelles elle est particulièrement exposée comparée à l'homme qui, lui, n'a généralement point besoin de se dissimuler pour boire.

Problème éminemment personnel, l'alcoolisme est aussi un phénomène de société : tandis que 63 % des hommes de plus de 18 ans ainsi que 30 % des femmes ont déclaré, en 1987, boire chaque jour au moins un verre de boisson alcoolisée, le coût global de ce qui constitue par certains aspects un véritable fléau social a été évalué à 150 milliards de francs.

Tableau 8. — **% de buveurs réguliers**

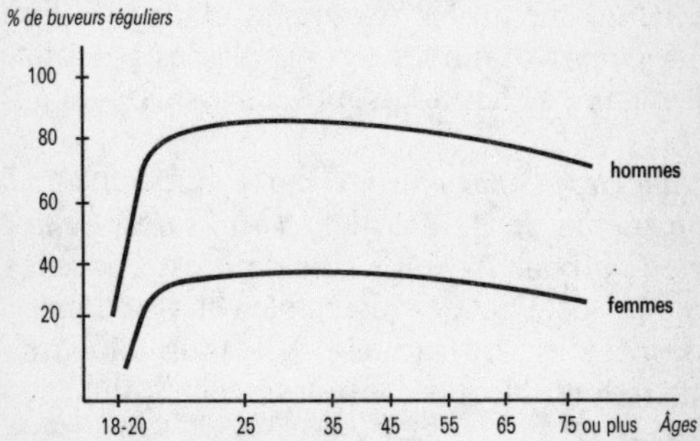

Source : INSEE-SESI, 1986-1987.

Alors que plus du double des hommes boivent plus que les femmes, c'est exactement le contraire que l'on remarque en ce qui concerne les pratiques toxicomaniaques liées aux médicaments. En effet, plus d'une femme sur cinq prend régulièrement des somnifères, des tranquillisants ou des antidépresseurs pour (seulement) un homme sur dix. Tous les âges sont concernés, même si après 60 ans, la consommation de ce type de médicaments augmente encore sensiblement : une femme sur deux pour un homme sur trois. (*Données sociales*, 1990, Nicole Guignon).

Sorte de remèdes à la solitude et à tout autre problème familial ou professionnel pour des milliers de personnes convaincues des bienfaits de cette pharmacopée, ce sont environ 170 millions de boîtes de neuroleptiques, hypnotiques, tranquillisants et antidépresseurs qui ont été vendues, en France, en 1989 (*Francoscopie*, 1991, Gérard Mermet). La France détient le record du monde en matière de consommation de tranquillisants ou de somnifères. Une surconsommation d'autant plus grave qu'elle est parfois associée à l'alcool (une personne sur vingt), ce qui, évidemment, augmente les risques sanitaires de l'utilisateur, sans jamais diminuer ses problèmes personnels qu'ils soient ou pas liés à la solitude.

Suicide. — Sans doute parce que suivant la définition même de Paul Valéry (*Mauvaises pensées et autres*, Gallimard) : « Le suicide, c'est l'absence des autres », cet acte irréversible et fondamentalement désespéré est la traduction la plus lamentable de la plus redoutable des solitudes : celle qui ne se supporte plus.

Chaque année, environ 12 000 personnes se donnent volontairement la mort : un chiffre approximatif et surtout officiel qu'il conviendrait de surévaluer (certains suicides étant « déguisés » en décès d'une tout autre nature sous la pression d'une pudeur sociale). Depuis 1982, le nombre des suicides dépasse celui des décès par accident de la route.

Chancre d'une société qui, incontestablement, donne des signes de mauvaise santé, le suicide est cette manifestation du désespoir que l'on observe particulièrement dans certaines tranches d'âge plutôt que dans d'autres. Ainsi a-t-on pu remarquer qu'en ce qui concerne les 20-24 ans, le suicide représente la deuxième cause de mortalité tout de suite après les accidents de circulation routière. Plus nette encore est l'autorité du suicide sur les plus de 55 ans car, en 1987, près d'un suicide sur deux a été le fait d'une personne de plus de cet âge. Tout aussi, voire plus inquiétant : on se suicide après 80 ans plus qu'à n'importe quel autre âge (les hommes presque cinq fois plus et les femmes deux fois plus) ; sachant que 100 % des suicides perpétrés par les personnes retraitées sont « réussis ».

A deux pôles distincts, jeunes et vieux semblent vivre le même type de désespoir, et donc d'isolement (car lorsqu'on est désespéré, l'on se sent dans une large mesure isolé, abandonné).

En fait, il n'est guère de similitude que celle qu'on peut établir en rapport au monde du travail : généralement, quand on est jeune on n'en fait pas encore partie, tandis que passé un certain âge, on en est exclu. Or, on sait (cf. *supra*, « Identification des solitaires ») comment il est possible de parvenir à la solitude par des mécanismes d'exclusion. Il reste que dans tous les cas leur réponse est identique et qu'elle les fait se rejoindre dans un drame autrement plus grave que la raison qui les y a conduits. Des raisons, à vrai dire, diverses mais dont on sait qu'elles sont généralement liées à l'entourage familial. Ainsi on a pu remarquer que le suicide est 2,3 fois plus fréquent que la moyenne chez les célibataires, 2,9 fois chez les divorcés, et 3,6 fois chez les veufs (*Francoscopie*, 1991, Gérard Mermet).

2. **Solitude et dérivatifs.** — Il est heureux de constater à la suite de ce qui vient d'être dit que *la solitude est soit combattue, soit tout simplement vécue avec une plus grande philosophie par quantité d'autres personnes.* Il s'agit plus, dans cette perspective, de rechercher des dérivatifs plutôt que des remèdes : la solitude n'étant pas ici considérée comme une pathologie qu'il est im-

périeux de soigner ou un trou noir qui préfigurerait la mort.

Pour bon nombre d'autres solitaires leur situation, c'est au pire une condition inévitable et chaotique qu'il faut s'efforcer de vivre au mieux, ou bien une parenthèse de vie dont on sait qu'elle va un jour se refermer. Dans tous les cas, on cherche à détourner le cours inexorable d'une solitude qui n'est bien supportée qu'à moitié.

Les animaux de compagnie. — C'est un peu dans cet esprit que des milliers de personnes se rendent propriétaires de chiens, de chats, d'oiseaux et autres animaux de compagnie.

L'homme s'est toujours intéressé à l'animal qu'il s'est toujours efforcé de domestiquer. Si pour Spinoza, « le cheval est la plus belle conquête de l'homme », il faut ajouter, à sa suite, que le chien et le chat sont aujourd'hui les principaux animaux domestiques. Auxiliaire de l'homme, le chien était jadis surtout « utilisé pour la chasse et pour lutter contre les rats jusqu'à ce que le chat lui soit substitué dans cette tâche. Ce n'est que dans quelques milieux restreints, les milieux du pouvoir, qu'il apparaît comme un animal de compagnie » (*La société française*, Charles Debbasch, Jean-Marie Pontier, Dalloz). Le chat est logé à la même enseigne : très fonctionnel, il a pour mission d'occire souris et rats qui s'aventurent dans les territoires annexés par l'homme...

La conception utilitariste des chiens et des chats a fait place, de nos jours, a plus de sentiments. *D'une manière très significative, on les appelle désormais plus volontiers « animaux de compagnie ».* Chiffres records (par rapport aux autres pays d'Europe), on compte en France : 10 millions de chiens (un foyer sur trois), 7 millions de chats (un foyer sur quatre), 9 millions d'oiseaux (un foyer sur huit), 8 millions de poissons et 2 millions de lapins, hamsters, singes, tortues...

Animaux domestiques, animaux familiers ou animaux de compagnie, quelle que soit en fait la terminologie employée pour parler de ces bêtes auxquelles paraissent particulièrement attachés nos concitoyens, ils sont fréquemment aimés en lieu et place de personnes absentes.

Le monde animal apporte donc son lot de consolation à une multitude d'êtres humains seuls et zoophiles ; et il est imité en cela, et de plus en plus, par ce que l'on pourrait appeler « la civilisation des objets » modernes. *Au nombre de ces objets qui ne font qu'établir ou rétablir cette communication dont sont précisément privées les personnes qui souffrent de solitude : le téléphone ainsi que ses accessoires, le répondeur téléphonique et le minitel...*

Le téléphone. — Le lien évident qui existe entre le téléphone et l'état de solitude est tous les jours démontré par le travail incessant des permanents d'associations telles que SOS Amitié : 24 heures sur 24, des centres de bénévoles (ils sont 2 000 au total) — qu'on nomme des « écoutants » — parlent, discutent, en un mot communiquent avec celles et ceux qui bien souvent sont confrontés à une solitude profonde. A elle seule, cette association totalise plus de 500 000 appels par an ! Ajoutés à tous ceux qui sont destinés aux autres associations qui ont la même vocation humanitaire, il est impossible de ne pas voir dans au moins la moitié de ces appels, le malaise social provoqué par des solitudes innombrables et anonymes.

Fort heureusement, la solitude n'est pas toujours ressentie d'une façon aussi exacerbée, aussi dramatique. Plus généralement, en effet, le téléphone est utilisé par les solitaires dans un esprit purement utilitaire (recherche de renseignements, prises de rendezvous, etc.), mais aussi, et surtout, dans le but de maintenir ou de développer des relations amicales, affectives... Parce qu'il permet cette faculté essentielle pour une personne seule d'être reliée à tout instant avec l'extérieur, le téléphone est souvent utilisé par le solitaire pour prendre des nouvelles ou converser, qui avec sa mère ou son père, qui avec n'importe quel autre parent, qui avec un(e)... ami(e)... En bref, le téléphone est considéré par les personnes seules comme un instrument extrêmement précieux dont elles font parfois abusivement usage pour conjurer leur peur de l'isolement, de l'oubli ou de la réclusion...

Le répondeur téléphonique. — Outil professionnel pour certains, simple gadget pour d'autres, le répondeur téléphonique est chargé par les solitaires d'une fonction sociale importante puisqu'il est comptable des communications qui sans lui eussent été peut-être longtemps ou à jamais ignorées. Grâce à cet appareil qui répare en quelque sorte les dommages (inestimables pour un solitaire) causés par ses absences, aucun appel ne lui échappe. Et même si nul message n'est laissé imprimé sur la bande magnétique par les correspondants malchanceux, le solitaire est du moins assuré qu'il n'est pas resté ignoré par une ou plusieurs personnes. Le répondeur téléphonique le maintient donc à la fois d'une façon permanente et différée dans un rapport au monde extérieur dont on devine l'importance pour un solitaire préoccupé d'en être exclu.

Le minitel. — Cette volonté du solitaire de rester en contact avec l'extérieur est également très claire chez les adeptes du minitel. Un foyer sur quatre en est détenteur (alors que cet appareil spécifiquement Français n'a été lancé qu'en 1983). Censé faire office d'annuaire électronique (afin de mettre au rebut nos vieux bottins) et censé également dispenser de menus services aux usagers (services bancaires et financiers, applications professionnelles spécialisées, informations générales, services pratiques, jeux), le minitel est, de fait, surtout utilisé pour ses messageries roses.

Très prisé par les jeunes qui ont entre 20 et 30 ans, davantage par les hommes que par les femmes, pour la plupart des gens divorcés ou séparés, le minitel constitue un écran à la solitude pour beaucoup de personnes seules. Il est, en effet, cet écran sur lequel sont imprimés les fantasmes, les idées, les mots des gens qui ont envie de hurler ou de murmurer leur détresse ou leur joie; il est aussi cet écran qui empêche l'irradiation douloureuse d'une solitude affective et/ou physique.

Parfois, plus qu'une garantie, l'anonymat, qui est immanent au minitel, représente une aide pour des personnes complexées et isolées du fait même de leur(s) complexe(s). Grâce au recours aux pseudonymes et à la télécommunication, il est permis à des hommes et à des femmes, frustrés sur le plan social, de faire partie d'un univers relationnel qui, pour aussi fantomatique qu'il puisse apparaître aux yeux de certains, ne représente pas moins pour eux un refuge, une terre d'asile.

La télévision. — De même, la télévision représente pour toutes ces personnes un moyen d'évasion facile et fascinant. Facile parce qu'elle est installée à demeure et qu'il suffit d'appuyer sur un bouton pour la voir s'allumer. Fascinant parce que la télévision invite au rêve, au transport, au rire, à l'émotion et à mille autres sensations sans rien réclamer d'autre que le paiement d'une redevance annuelle et de l'attention.

Véritable objet de culte de notre civilisation moderne, la télévision n'a rien fait moins que participer aux transformations fondamentales qui ont bouleversé notre société au cours de ces cinquante dernières années. Despote éclairée, elle a réussi ses coups d'Etat dans presque tous les foyers de France (95 % sur la totalité d'entre eux en sont aujourd'hui équipés). Elle a proscrit les veillées nocturnes à la faveur desquelles les gens se réunissaient jadis, limogé les conteurs, banni les livres, relégué la presse écrite, asservi les enfants (les enfants scolarisés lui consacrent plus de temps qu'à l'école : 1 000 heures par an, contre 800 heures de classe), supplanté les parents et les grands-parents dans leur rôle hier incontesté de dépositaires du savoir, cloisonné les familles...

Mais, par ailleurs, la télévision tient compagnie aux isolés, édulcore la détresse de milliers de gens, peuple la solitude de millions d'autres, distrait, occupe, dissipe et aide à faire passer le temps que beaucoup trouvent trop long. A cet égard, il est significatif de remarquer que les téléspectateurs les plus assidus ont plus de 50 ans, vivent seuls ou à deux et ont un niveau d'instruction peu élevé. Par ailleurs, on a observé que la durée individuelle d'écoute la plus élevée était le dimanche : preuve que bon nombre de personnes ne savent pas quoi faire ce jour-là précisément parce que certaines d'entre elles se retrouvent seules.

Grâce au pouvoir magique que confère à l'homme sa télécommande, celui-ci est désormais partout : il peut passer des courts de tennis de Rolland-Garros à la cour de l'Elysée, des trottoirs de Manille aux studios des Buttes-Chaumont, du palais des Festivals de Cannes au sommet d'une des montagnes des Alpes... En étant ici et là, le téléspectateur finit par être nulle part, et surtout pas à son domicile que, pour peu qu'il y soit seul, il cherche à fuir.

3. **Solitude et fraternité.** — Un peu du fait de leur nombre, et beaucoup du fait de leur sensibilité, de leurs

valeurs, ou de leurs aspirations communes, les solitaires composent entre eux une sorte de fraternité. Une fraternité qui ne proclame pas son nom, certes, mais qui existe d'une manière implicite et qui s'exprime au moyen de plusieurs canaux. L'un des endroits où l'on voit précisément fourmiller les solitaires, c'est dans le monde de la petite annonce.

Les petites annonces. — De plus en plus de journaux (quotidiens), de revues (hebdomadaires) et de « Gratuits » ouvrent des rubriques petites annonces à l'attention d'hommes et de femmes à la recherche d'une âme sœur. Si le ton, la nature, et le sérieux des annonces varient suivant le périodique qui les publie (en ce sens *Le Chasseur français* tient à s'assurer d'une respectabilité dont *Libération*, par exemple, n'a cure), *les messages traduisent pour la plupart un vide : celui causé par l'absence de l'autre.*

C'est donc bien dans le fonds commun d'une solitude inacceptée que celles et ceux qui ont recours aux petites annonces puisent leur motivation et leur inspiration. Du contact férocement sexuel et éphémère au désir profondément matrimonial, en passant par de plus prosaïques attentes amicales, toutes les annonces expriment implicitement ou explicitement une recherche, une quête : celles que suscitent bien des solitudes. Bien évidemment, cette quête de l'autre, qu'elle soit sérieuse ou non, qu'elle recouvre un profond malaise ou pas, s'effectue d'une manière hasardeuse et aveugle. L'auteur de l'annonce ignore totalement le genre des personnes qui vont y donner suite car de fait, excepté le libellé de l'annonce, son expéditeur ne contrôle rien.

Les agences matrimoniales. — C'est pourquoi, certains solitaires préfèrent s'adresser à d'autres solitaires en utilisant le canal des agences matrimoniales qui sont censées offrir des garanties sur le chapitre du public concerné. Là, il n'est pas question de recherches amicales ni d'aventures sans lendemain (du moins dans le discours officiel car on sait que certaines personnes utilisent les agences comme des rabatteuses de « gibiers faciles »). Quand on fait appel à ces agences c'est, en général, avec une volonté matrimoniale affichée. Si l'on a de plus en plus coutume de dire que leur clientèle se compose de cadres — hommes et femmes — qui n'ont pas le temps de développer des rapports sociaux susceptibles de déboucher sur des rencontres plus affectives, *il demeure que l'essentiel de cette clientèle est constituée de personnes seules et parfois désespérées.*

Jeunes et moins jeunes se côtoient par fiches interposées au sein d'une des 3 000 agences que compte la profession en France. Ils et elles ont vingt, trente, quarante ou soixante ans, parfois plus, et alimentent un marché estimé à pas moins de 1,5 milliard de francs par an ! On comprend, dès lors, les chants de sirène inventés par certaines agences pour attirer vers elles les solitaires auxquels elles promettent précisément de ne l'être plus. Du fait d'une clientèle extrêmement composite, on trouve corrélativement une gamme de prix très étendue. L'enquête qui a été réalisée auprès de 200 agences matrimoniales et dont fait état Marina de Baleine (*200 agences matrimoniales*, Balland) révèle que ce genre de prestations peut coûter 200 F pour six mois à 15 000 F par an. Une fourchette très large, donc, grâce à laquelle hommes et femmes peuvent théoriquement croquer à pleines dents dans le bonheur de leur choix. En théorie, car assez souvent la réalité vient contrarier les projets ou les espérances de nos candidats au bonheur conjugal : soit que ceux ou celles qui leur sont présentés ne répondent pas à leurs attentes, soit que leurs chances de rencontres soient mathématiquement très réduites. A cet égard, on relève pour un fait établi — et pourtant largement ignoré par les clients que délibérément les responsables d'agences n'informent pas — que des écarts sensibles existent concernant le volume des demandes féminines et celui des demandes masculines. Ce déséquilibre tient à un fait sociologique et démographique précis : entre 40 et 60 ans, il y a deux à trois fois plus de femmes divorcées et veuves que d'hommes dans le même cas...

Les clubs de rencontres. — Parce qu'ils n'osent pas faire appel aux services des agences matrimoniales, bien qu'ils possèdent les mêmes aspirations, d'autres solitaires préfèrent s'adresser aux clubs de rencontres. Officiellement, la vocation y est tout à fait différente (il s'agit d'organiser des contacts relationnels autour de toute une série de sorties et d'animations), mais on sait que nombre d'adhérents, sous couvert d'une adhésion anodine, espèrent nouer une relation profonde et sentimentale. *Existent, bien naturellement, des personnes qui font partie d'un club de rencontres dans un tout autre esprit, mais, fréquemment, on retrouve chez elles le même désir de mailler une existence solitaire et inorganisée avec d'autres existences du même genre.* Comblée de succès, la formule club est aussi plébiscitée par les célibataires durant les vacances. On retrouve, en effet, des personnes qui vivent seules dans 50 % de la clientèle du Club Méditerranée, dans 60 % de la clientèle de Nouvelles Frontières, et l'on recense même jusqu'à 80 % de personnes seules parmi les stagiaires de l'UCPA (Union des Centres de Plein Air).

Les associations d'entraide. — La notion de fraternité des solitaires, pour toute théorique qu'elle paraisse, ne recouvre pas moins une certaine authenticité lorsqu'on la confronte à la réalité des associations d'entraide. *Dans nombre d'entre elles, on découvre des personnes seules et volontaires qui s'occupent de personnes seules et désespérées.* Parfois, plus qu'un sacerdoce, le bénévolat est pour certains solitaires une planche de salut qui permet d'éviter de plonger dans l'inaction de leur propre désespoir. En aidant matériellement, ou en soutenant affectivement les autres, on se réconforte soi-même. Les grandes solitudes au contact desquelles sont bien souvent les bénévoles, ont en quelque sorte pour vertu d'amenuiser les leurs.

Quantité d'associations œuvrent en faveur des solitaires. Certaines sont regroupées sous l'égide de l'UNASSOL (127, rue Notre-Dame-des-Champs 75006 Paris). Jean-François Six qui préside aux destinées de l'UNASSOL précise que l'objectif principal de ces associations est d'encourager « chacun de celles et ceux qui sont enfoncés dans la solitude à s'en sortir soi-même pour soi-même, à passer d'une solitude passive écrasante, à une solitude active, créatrice » (*Le Guide des solitudes*, Fayard).

D'autres associations développent, toujours au profit des solitaires, une politique bien plus revendicative. Parlant d'elles, on en est venu à évoquer les « syndicats de solitaires ». Barbarisme ou pas, la terminologie est significative de l'état d'esprit des animateurs de ces associations qui entendent faire valoir (ou avancer) les droits des veuves, des mères ou des pères célibataires, des personnes âgées, des personnes handicapées...

Quelle que soit la philosophie de ces associations d'entraide, et quelle que soit leur représentativité, leur spécificité et leur mérite tiennent bien souvent au fait qu'elles permettent à des personnes seules de trouver en leur sein chaleur et réconfort, et, parfois même, de diluer leur solitude dans celle des autres.

Chapitre II

APPROCHE CULTURELLE DES SOLITUDES

> « Je t'ai dit que je suis né plusieurs, et que je suis mort un seul. L'enfant qui vient est une foule innombrable, que la vie réduit assez tôt à un seul individu, celui qui se manifeste et qui meurt. »
>
> Paul Valéry, *Eupalinos*.

Comme toute réalité sociologique qui pèse d'un poids énorme dans les civilisations, la solitude connaît des traductions culturelles multiples et plus ou moins bien inspirées. Si elle est à peine passée au crible des sciences humaines, la solitude est diversement représentée dans les domaines de la culture. Une variation que l'on retrouve dans l'histoire même du mot solitude qui a connu bien des sorts.

I. — Définition lexicologique

1. **L'histoire du mot solitude.** — Il est toujours intéressant d'étudier le sens d'un mot en rapport avec la société dont il est l'expression. Le mot solitude fait sans doute partie de ceux dont la signification a très profondément évolué au fil des siècles. De ses avatars, il nous reste aujourd'hui une définition assez lisse :

« Situation d'une personne qui est seule de façon momentanée ou durable » *(Le Petit Robert)*. Mais pour en arriver là, le temps a dû jouer de son alchimie. En 1213, le mot solitude (du latin : *solitudo*) désignait « l'état d'un lieu désert ». Durant tout le Moyen Age, la solitude a été synonyme de désert. Mais le désert désignait à l'époque un simple lieu inhabité, parfois enchanteur, et très souvent propice à la méditation religieuse et au recueillement poétique. C'est bien après le Moyen Age que, à l'instar de la solitude, le désert a été assimilé dans notre conscience collective à un lieu sinistre, redoutable, aride et stérile.

Comme on le constate, il n'y a nulle trace humaine dans la définition précitée qui préfère la seule nature à l'homme. La solitude c'était un lieu, point final. Il faudra attendre la fin du Moyen Age pour que le mot prenne son sens actuel et que l'homme se révèle pleinement, totalement à la solitude.

Entre le début du XIIIe siècle au cours duquel la solitude se réduisait — sémantiquement — à un « lieu désert » et notre époque qui prête couramment à ce mot une connotation subjective, le XVIIe siècle est passé par là pour donner au mot solitude son sens moderne : « Etat d'abandon, de séparation où se sent l'homme vis-à-vis de Dieu, des consciences humaines ou de la société. »

On peut donc se résumer ainsi : *la solitude a initialement été un lieu, puis la situation objective d'un être, avant de devenir un sentiment.* D'abord un endroit, puis l'homme dans cet endroit, et, enfin, un sentiment dans l'homme : au fil de l'histoire la solitude a de plus en plus pénétré l'individu, en sa qualité d'être humain. On observera, par ailleurs, que le sens du mot solitude s'est inversé en même temps qu'il a évolué. Peu à peu, en effet, la solitude est devenue synonyme de malheur. Aujourd'hui ennemie des hommes, alors qu'elle était hier leur alliée. C'était elle qu'on allait quérir pour réunir les conditions propices à son épanouissement spirituel ou intellectuel. Il est vrai qu'elle était parfois imposée à la volonté des hommes. Si tel était le bon plaisir du roi, un homme de cour disgracié ou une favorite répudiée pouvaient brutalement se retrouver exilés. Pour exemple, citons le cas de Mme de Montespan qui est allée pleurer dans le lointain Poitou l'amour défunt de Louis XIV. De son côté Voltaire est parti à Ferney méditer sur les inconvénients qu'il y a à déplaire aux puissants. Plus prosaïquement, des femmes et des hommes connaissaient une solitude quotidienne parce que fondamentalement et organiquement liée à leur labeur. Le cas notamment des bergers qui tutoyaient la haute solitude des alpages ou des marins qui s'embarquaient pour des mois entiers voire des années. D'autres encore étaient retranchés de la vie parce qu'on les plaçait soit dans des monastères, soit dans des couvents. C'était notamment le sort qu'on réservait aux cadets dont on sacrifiait les intérêts au nom de ceux liés aux droits d'aînesse... Il demeure que, hormis ces cas de figure, la solitude était davantage et plus systématiquement liée à des situations heureuses et volontairement admises (cf. *infra,* « L'histoire des solitudes »). Le mot solitude, donc, avait une acception, une connotation bien plus positive, ou à défaut, bien plus neutre qu'aujourd'hui. Une évolution sémantique s'est donc opérée.

Des variations plus ou moins identiques peuvent être observées concernant le mot seul qui, naturellement, fait partie de la famille du mot solitude. Selon toute vraisemblance, le premier serait même l'ancêtre du second puisque l'adjectif « seul » existe depuis 1080 (du latin : *solus*). Un adjectif qui, pour tout dire, relève de différents sens suivant sa position syntaxique. Ainsi, par exemple, lorsqu'il est employé en qualité d'attribut, le mot seul renvoie aux mots « isolé », « abandonné », « solitaire »... Utilisé comme substantif, il prendra davantage le sens d' « unique ». Or, bien souvent, le fait d'être « unique » rend plus heureux que le fait d'être « isolé »... Comme quoi le sens que l'on donne aux mots renvoie bien aux idées et, à travers les idées, à l'histoire et au vécu des hommes.

2. **Isolement et exclusion.** — A regarder de près le mot isolement, on s'aperçoit qu'il est considéré par *Le Petit Robert* comme synonyme de solitude ; ce qui n'est pas le cas du mot exclusion dont on a vu pourtant (cf. *supra*, « Les groupes de solitaires ») qu'il pouvait en être question à propos des solitudes. Historiquement, cette différence s'explique. *De fait, autrefois, le solitaire était un reclus et non pas un exclu.* Mis à part quelques cas liés à des régimes disciplinaires (disgrâce du roi, relégation, bannissement...), l'isolement, quel qu'il fût, correspondait à la volonté délibérée de celui qui le vivait. Dans l'esprit de ces solitaires d'un temps révolu, il s'agissait d'une retraite, c'est-à-dire d'un éloignement, d'un repli. On les voyait isolés, écartés du commerce des hommes, mais c'était parce qu'ils en avaient eux-mêmes décidé ainsi et non pas parce qu'on les avait exclus. Ces solitaires, c'étaient des anachorètes, des ermites, des sages...

Il faudra attendre la fin du XVIIIe siècle pour que la réclusion apparaisse comme une exclusion. D'une manière significative, sur le plan lexicologique, la réclusion devient « criminelle ». Certes, les cachots, les galères, les bagnes existaient bien avant cette époque; mais le mot lui-même a opéré une métamorphose : il a changé de sens. Songez que, apparu en 1270, le terme « réclusion » vient du latin *reclusio* qui signifiait « ouverture »... N'est-ce pas là un bel antonyme de la solitude?! En faisant l'objet d'une réclusion criminelle, le condamné se voyait dès lors contraint de demeurer seul avec lui-même, socialement exclu, il était juridiquement reclus. Jusque-là, l'emprisonnement correspondait seulement à une mesure de sûreté : le châtiment résidait essentiellement dans la confiscation des biens, la torture ou/et l'infamie du condamné et de sa famille ensemble mis au ban de la société.

Avec la réclusion criminelle, le châtiment a pour vocation de priver le condamné de sa liberté; autrement dit le châtié, reclus dans une cellule, ou un cachot, se voit, durant un temps déterminé, interdit du droit d'être parmi les siens ou avec qui bon lui semble. Il aura donc fallu du temps, et avec lui, l'évolution de l'histoire et des idées, pour que les mots isolement et exclusion s'associent en donnant une certaine unité à leur sens. On pourrait par ailleurs ajouter que la révolution faite dans les mots est le signe d'une révolution opérée dans les idées qui elle-même a préparé celle qui sera réalisée, en 1789, au niveau des événements. Les penseurs du XVIIIe siècle, en tête desquels Jean-Jacques Rousseau, rendront possible l'émergence d'une nouvelle solitude. Sans vouloir anticiper sur notre propos consacré aux sciences humaines, on peut s'étonner que la solitude ne figure pas vraiment dans l'arsenal des notions scientifiques forgées depuis ce siècle des Lumières. Elle reste une notion plus ou moins introuvable; comme l'absente de toutes sciences. Ce n'est pourtant pas faute d'exister dans les consciences individuelles. Bien au contraire, elle n'a cessé de hanter ces consciences de manière plus ou moins obsédante, depuis ce XVIIIe siècle fondateur de notre culture actuelle. On peut considérer que ce même siècle a vu la solitude entrer dans la conscience collective sous les auspices du roman : incarnation singulière d'un imaginaire collectif. La solitude moderne a, en effet, bénéficié, grâce au personnage de Robinson Crusoé, d'une représentation mythique puissante. Du coup, l'on peut dire que si la solitude a du mal à être circonscrite en tant que notion, on la voit clairement apparaître en tant que représentation.

II. — Solitudes et sciences humaines

Présentes depuis toujours au sein de l'humanité, les solitudes sont assez curieusement un peu absentes des sciences humaines. Pour s'en convaincre, il suffit de faire un rapide tour d'horizon autour de chacune de ces sciences censées pourtant s'intéresser à la condition de l'homme.

1. **Pour la petite histoire...** — Aujourd'hui, l'histoire s'intéresse autant aux idées et aux mentalités qu'aux événements. Elle marque ainsi une évolution positive : trop longtemps, en effet, a dominé l'école de l'histoire événementielle qui occultait la puissance des idées en marche. Ce faisant, des historiens ont élaboré une généalogie des notions culturelles qui ont scandé l'histoire de l'Occident au cours des derniers siècles. Parmi eux, Philippe Ariès *(Histoire de la mort en Occident)* et Michel Vovelle *(Les grandes peurs en Occident)*. Dans cette mouvance, Michel Foucault a également étudié la folie *(Histoire de la folie)* et la discipline *(Surveiller et punir)*. Mais de solitude, il n'en a guère été question. Pour être tout à fait juste, certaines recherches historiques ont permis de croiser, ici et là, la solitude. Ce fut notamment le cas avec Jean-Louis Flandrin qui, dans une partie de son étude sur *Le sexe et l'Occident*, a parlé de la sexualité des célibataires. De la même façon, quelques années avant lui Jean Borie avait observé *Le célibataire français*. Grâce à ces deux auteurs, la solitude du célibataire, fondée pour une bonne part sur sa marginalisa-

tion sociale (cf. concept de « vieux garçon », « vieille fille »...), a été mise en évidence.

Toutefois, la solitude est observée à travers une lorgnette qui nous la montre de l'extérieur; autrement dit par ce dont elle se différencie. Or, la solitude peut atteindre une autre définition que celle qui touche au comportement, fût-il marginal. *Car la solitude — les solitudes — composent un phénomène culturel propre, global et autonome dont on peut regretter qu'il ne soit pas pris en compte dans une histoire des mentalités.* En réaction à cela, on peut avancer deux explications. La première, c'est que la solitude, sans être totalement absente des communautés anciennes, n'était pas aussi omniprésente qu'elle l'est devenue au sein de nos sociétés modernes. La seconde explication possible est que la solitude échappe, par sa nature, à l'histoire car elle fait partie d'un fonds de l'humanité; elle constitue un trait éternel et indéchiffrable de la condition humaine...

Toujours est-il que quelles que soient les tentatives d'explication vers lesquelles on s'oriente, la solitude est difficilement repérable dans le champ de l'histoire. Il semblerait d'ailleurs que la sociologie ait également du mal à l'identifier.

2. **La solitude dans la société.** — De fait, assez curieusement, le mot solitude ne figure pas dans l'index général du *Dictionnaire critique de la sociologie* établi par Boudon et Bourricaud (Editions PUF). Est-ce à dire que tous les sociologues sont rangés à l'avis d'un des leurs, Halbwachs, suivant lequel « en réalité, nous ne sommes jamais seuls »?! Difficilement admissible. En revanche, ce que l'on peut établir comme un fait certain, c'est qu'un individu a parfois le sentiment d'être abandonné par la collectivité. Ce sentiment vécu sur le mode de la rupture aboutit parfois au suicide que Durkheim définissait comme un geste anomique.

De son côté, le sociologue allemand Tonnies a le premier tracé une ligne de partage entre la communauté, d'une part, et la société contractuelle, d'autre part (in *Communauté et société*). Pour lui, on peut observer dans la communauté des personnes qui sont membres d'un groupe (famille, corporation, caste,...) et dans ce cadre, l'isolé est en rupture d'appartenance; c'est-à-dire qu'il quitte pour une raison ou pour une autre son groupe naturel, ou il en est banni. A l'inverse, dans la société contractuelle, les personnes sont des individus isolés sinon dans les faits, du moins idéalement. Leur démarche consiste à se lier volontairement à tel ou tel groupe qui, au reste, ne sera jamais qu'une association.

Elaborée en 1887, cette analyse connaît aujourd'hui encore la faveur de certains sociologues qui trouvent en elle la justification de nos solitudes contemporaines. Il existe une autre forme d'intégration sociale qui a été remarquée par David Riesman à la fin des années 1940 aux Etats-Unis. Dans *La foule solitaire*, ce sociologue montre qu'une société prospère et pacifiée, telle que l'Amérique l'était déjà en ce temps-là, ne renonce pas à intégrer ses membres. Dans ce modèle, l'individu est laissé libre de s'agréger au groupe de son choix. Il est autonome. Les règles de son comportement ne lui sont plus imposées arbitrairement; il lui appartient de les chercher au sein de ce que Riesman appelle « les groupes de pairs ». Un adolescent, par exemple, écoutera peu ses parents et davantage ses copains, parce qu'il aura la préoccupation de faire comme eux. Dans toutes les circonstances de la vie sociale, et quel que soit l'âge, l'individu se règle ainsi sur ceux dont il est l'égal. D'où l'importance des relations interpersonnelles qui sont à la fois la condition et le but de l'intégration sociale. Dans une société de ce type dont la société française actuelle tend à se rapprocher, on peut dire que ce qui rapproche les individus, c'est une « grégaire solitude » (« Epistémologie de la vie quotidienne », *Cahiers internationaux de Sociologie*, 1983). Les gens sont ensemble, mais ils évoluent dans une sorte de vide social.

Un constat dressé par de nombreux sociologues, dont Gilles Lipovetski auteur de *L'ère du vide, essai sur l'individualisme contemporain*. Pour lui, « avec le règne des médias, des objets et du sexe, chacun s'observe, se teste, se tourne davantage sur lui-même à l'affût de sa vérité et de son bien-être, chacun devient responsable de sa propre vie, doit gérer de façon optimale son capital esthétique, affectif, physique, libidinal, etc. Ici socialisation est désocialisation s'identifient. Au comble du désert social se dresse l'individu souverain, informé, libre, prudent administrateur de sa vie ». Autrement dit, c'en est fini des valeurs communautaires qui ont pour matrice l'école, l'église, la famille... Voici venue l'heure du culte du moi tandis que les médias jouent les maîtres-horlogers... « La plus cruelle solitude, c'est la solitude dans la société, la solitude par excellence » a écrit, pour sa part, Nicolas Berdiaeff. *Reste que la sociologie n'a pas encore fait de la solitude un véritable concept.* Elle vient seulement hanter cette science du fait de l'individualisme auquel elle se rattache et qui force à repenser notre organisation sociale. Etant toutefois précisé que pour Michel Maffesoli, une organisation sociale ne vaut que dans la mesure où elle reste en adéquation avec la base populaire qui lui a servi de support. Une église qui perd ses fidèles, un parti qui se vide de ses adhérents meurt tandis que ceux qui désertent l'un ou l'autre survivent à l'un et à l'autre. Aussi, un désengagement massif ou une désaffection généralisée à l'égard des institutions quelles qu'elles soient ne marquent pas la fin de la vie sociale mais celle des institutions en question. Dans toute forme d'existence sociale, aussi déréglée qu'elle paraisse, des liens se tissent naturellement et culturellement en dehors des institutions reconnues. Michel Maffesoli parle à ce propos d'une « socialité au noir ».

C'est pourquoi finalement, l'individualisme n'inaugure pas aujourd'hui un repliement sur soi, une asocialité de tous et de chacun, mais plutôt une façon de dépasser l'isolement et l'impersonnalité qui caractérisent notre univers social. On cesse de croire aux grands idéaux collectifs, mais on vibre plus volontiers à l'unisson de petits groupes fondés sur des proximités de goûts, de loisirs et autres connivences...

Il faut bien reconnaître que la société moderne génère une sorte d'apathie qui affecte les masses de plus en plus indifférentes à tout projet collectif, notamment politique. Ces masses « sont l'inertie, la puissance de l'inertie, la puissance du neutre (...) elles n'ont pas d'histoire à écrire, ni passée, ni future, elles n'ont pas d'énergies virtuelles à libérer, ni de désir à accomplir. Leur puissance est actuelle, elle est ici tout entière, et c'est celle de leur silence » (Jean Baudrillard, *A l'ombre des majorités silencieuses*, Utopie). D'où l'appellation « majorités silencieuses » qu'on leur donne, et l'émergence, en leur sein, de solitudes diffuses. Reste que la redécouverte des émotions individuelles exprime une empathie qui permet aux individus de vibrer collectivement. En sorte que la solitude poussée à un état paroxystique paraît ne pas pouvoir exister... Comme paraît avoir du mal à exister le mot solitude dans les sphères de la psychanalyse...

3. **Divan et néant.** — Fantomatique, la solitude l'est aussi dans le domaine de la psychanalyse : tandis qu'il apparaît dans le dictionnaire de la psychiatrie (*Manuel alphabétique de psychiatrie clinique et thérapeutique*, Paro, PUF) en renvoyant cependant très prosaïquement à la notion d'isolement, le mot solitude est carrément

absent de l'index thématique du *Dictionnaire de la psychanalyse* (de Laplanche et Pontalis, PUF). Cela ne signifie pas, bien entendu, que les situations de solitude soient purement et simplement ignorées par la plus jeune science de l'Homme, mais bien plutôt qu'elle a des difficultés à intégrer la solitude comme concept.

Regardons Freud : « Les premières phobies de situations qu'on observe chez l'enfant sont celles qui ont trait à l'obscurité et à la solitude; la première persiste souvent toute la vie et les deux ont en commun l'absence de la personne aimée dispensatrice de soins, c'est-à-dire la mère », écrit le célèbre médecin autrichien dans son *Introduction à la psychanalyse*. Force est de constater que l'on parle bien de solitude; toutefois, l'index de l'édition anglaise intégrale de Freud, note le psychanalyste Adam Philips, ne renvoie que deux fois au mot solitude. Somme toute, pour Freud « la solitude irait de soi ».

En fait, la solitude est avant tout un sentiment : voilà ce qui peut expliquer que les sciences humaines ont une approche difficile de ce phénomène qui présente pas mal de zones d'ombres et d'incertitudes. Or, comment peut-on conceptualiser ce qui, au moins pour partie, nous échappe? La psychanalyse et la psychiatrie rencontrent, par exemple, les plus grandes difficultés à cerner les processus psychiques des nourrissons et des très jeunes enfants. *Et pourtant, on sait que naître au monde et naître à la solitude, c'est tout un.* La naissance opère une séparation du corps maternel qui préfigure l'autonomie d'une existence sur laquelle se superpose la construction d'une identité personnelle. Cette séparation est nécessaire, mais elle est vécue sur le mode de la frustration.

L'édification du moi et de la solitude va donc de pair. Chacun de nous est ainsi habité par un sentiment intime de solitude qui perpétue le souvenir de la coupure originelle. Mais cela ne veut pas dire que tout au long de la vie toutes les solitudes seront nécessairement douloureusement ressenties. Françoise Dolto considère même que « la solitude seule permet de dépasser le stade du sentiment de solitude ». Sentiment dont elle observe par ailleurs qu'il est « décréatif », générateur de souffrance, alors que la solitude, en elle-même, peut être créative : source de tensions, elle pousse à progresser, à atteindre un stade supérieur de soi.

Pour Winnicott, la capacité d'un individu à être seul repose sur son expérience antérieure d'enfant « seul en présence de sa mère » *(De la pédiatrie à la psychanalyse)*. D'après ce psychanalyste anglais, l'être humain doit très tôt se chercher dans la solitude de l'intériorité. Le bébé, laissé seul, doit normalement se sentir aussi en sécurité que si sa mère était présente. Elle est d'ailleurs présente : dans le psychisme de l'enfant. Elle existe au monde, et l'enfant doit savoir qu'il existe pour elle. Il sait qu'elle reviendra. Dans cette perspective, l'absence de la mère éveille l'espérance de son retour et non pas l'angoisse de la solitude. Ainsi l'enfant apprend à avoir confiance en l'avenir, et à rebours, dans le présent parce que le passé le rassure : autrement dit, il apprend le temps qui, à son tour, lui enseigne la solitude...

La solitude s'apprend donc. Et la peur que d'ordinaire elle suscite (en exprimant le souvenir de la coupure originelle) peut être dominée. D'où l'importance de stimuler l'activité du très jeune enfant, et de ne pas entretenir dans son esprit une confusion par laquelle il aurait du mal à se différencier de sa mère.

Après Winnicott, Bruno Bettelheim a insisté sur le rapport de mutualité qui doit, selon lui, exister entre la mère et son nourrisson. Faute de quoi, le nourrisson peut avoir le sentiment de n'exister que comme prolongement passif des soins de sa mère *(La forteresse vide)*.

Dans ce cas-là, des comportements négatifs sont à craindre. En ce sens, l'autisme est une réaction extrême aux agressions réelles ou supposées de l'environnement. Lorsque le monde extérieur est perçu, en effet, comme menaçant par un enfant qui sent ne pas pouvoir agir sur lui, il tourne résolument le dos à ce monde. Il quitte, en quelque sorte, l'humanité pour retourner, en partie, dans une place antérieure de son développement psychique (là où l'extérieur et l'intérieur ne se différencient pas). Il s'isole, dès lors, dans son autisme qui dresse un mur de silence (et donc de solitude) entre lui et le monde extérieur dans lequel siège une menace permanente. Autrement dit, l'autiste manifeste « un comportement de frontière » qui établit une ligne de partage entre son monde à lui et l'environnement qu'il occupe : « Nos enfants autistiques se sont tellement aliénés de l'expérience du temps que seul l'espace et son vide demeurent », dira Bruno Bettelheim.

L'autisme est lié à une peur incessante de la vie. L'angoisse prolongée conduit à des formes diverses de psychose. Quand la réalité pèse continûment, le sujet s'en échappe imaginairement pour se réfugier, par exemple, dans la schizophrénie qui, de fait, le déconnecte du réel. Toutefois, tout le monde s'accordera à penser qu'un danger incessant n'est pas nécessairement grave. C'est pourquoi, ce n'est que lorsque l'enfant est convaincu qu'un danger mortel est imminent qu'il plonge dans l'autisme. Aussi longtemps qu'il montrera le moindre signe de vie (pense l'enfant autistique) son environnement fera peser sur lui une menace. Du coup, prendre l'apparence de la mort, ou de l'insensibilité permet de conjurer cette menace. *On aura compris que l'autisme est une forme extrême, une sorte d'exacerbation de la solitude. Etant précisé que le malade autistique collabore à sa solitude parce qu'elle représente pour lui une défense, une protection.* A cela il faut ajouter que « ce n'est pas l'attitude maternelle qui produit l'autisme, mais la réaction spontanée de l'enfant à cette attitude. La réaction autistique ne se transforme en une maladie autistique chronique que si la mère, par réaction, rejette gravement l'enfant où s'éloigne de lui » (B. Bettelheim, *op. cit.*).

On touche là, à travers l'évocation de cette terrible maladie, au point nodal des problèmes de la communication humaine. Pour ne pas se comprendre, en effet, il faut, au commencement, être au moins deux. *Or, la solitude procède souvent, pour ne pas dire toujours, d'une perturbation du schéma de communication.* A cet égard, l'autisme apporte une malheureuse illustration : au lieu d'entendre l'autre pour ce qu'il est réellement, l'enfant et la mère (mais on pourrait aussi bien multiplier les exemples en généralisant ce phénomène à tous ceux qui en connaissent bien le principe) réagissent chacun à une idée fausse qu'ils se font respectivement l'un de l'autre. De surcroît, ils ne dialoguent plus : chacun monologuant.

On remarquera que la psychanalyse soigne généralement les hommes et les femmes de leur enfance. A cet égard, il est compréhensible qu'elle souligne la nostalgie d'une relation parfaite à l'autre, à la mère, et dont les adultes ont du mal à se délivrer. Cependant Winnicott et Bettelheim — qui ont principalement soigné des enfants — montrent un certain optimisme quant à la place et au rôle de la solitude dans la vie psychique de l'enfant. Winnicott élève la solitude au grade d'une chance : l'absence de la mère offre à l'enfant la possibilité de développer sa personnalité. A partir de là, être soi, c'est être seul. Et pour Bettelheim, l'enfant se découvre très tôt la volonté de devenir un homme. Dès la naissance, il manifeste un désir de liberté que doit favoriser la mutualité des rapports instaurés entre sa mère et lui. Liberté et solitude : deux notions fondamentales, deux attitudes fondatrices que l'on retrouve mises en perspective dans la philosophie existentielle.

4. **Etre ou ne pas être ?** — Comme les dictionnaires d'autres disciplines appartenant aux sciences humaines, le *Vocabulaire technique et critique de la philosophie*, de Lalande, ignore le mot solitude. Pourtant, pour la philosophie contemporaine, exister, c'est exister seul. Cette philosophie existentielle prend ainsi en compte ce que la philosophie classique a paru mépriser : l'absolue singularité de l'existence individuelle. *Grâce à cette nouvelle philosophie, la solitude est apparue comme indéfectiblement liée à l'existence de chaque homme.* Cependant, dire qu'exister, c'est exister seul reste insuffisant. Il faut préciser : j'existe en tant qu'individu à la condition que j'existe seul. Par conséquent, je ne deviens pleinement sujet qu'en prenant conscience de ma solitude. Certes, je suis différent des autres hommes, et en déduire que je suis autre que les autres, c'est relier ma solitude à l'altérité de l'autre. Du même coup, comme je suis ce qui n'est pas l'autre, l'autre est ce qui n'est pas moi.

Cette absolue différence, cette altérité ou encore cette extra-vérité de moi par rapport aux autres créée la condition de notre liberté réciproque. Il ne s'agit pas d'indifférence car dans ma quête de moi-même, je laisse une place pour l'autre, pour l'inconnu, pour l'étranger...

Dans cette même quête, je suis confronté à la fameuse question : « Qui suis-je ? » En tentant d'y répondre, je rencontre l'autre, ce qui n'est pas moi. Et au bout de cette démarche, je découvre ce que l'autre n'est pas. A la faveur de cette expérience, on aperçoit une solitude positive qui se démarque de l'isolement. De fait, c'est au milieu des autres que j'apprends que je suis différent d'eux. (En aucun cas cela ne me serait possible si je restais sur les positions retranchées de l'isolement.) *En définitive, je ne peux espérer devenir moi-même que par (et dans) ma relation à l'autre. Car ce sont les autres qui me permettent de découvrir et d'affirmer ma singularité.* Il s'agit ensuite d'aller jusqu'au bout de ma singularité. Je suis différent des autres hommes, c'est un point désormais acquis dès ma naissance (avec la coupure originelle). Les autres m'ont aidé à en prendre conscience. Il me reste, dès lors, à accepter cette différence, en transformant notamment mon destin en liberté d'action. En définitive, l'alternative est simple : on a le choix entre se savoir seul et se sentir seul. Faute d'assumer notre solitude, celle-ci revient nous tourmenter sous la forme d'une nostalgie. Si comme Levinas nous le confirme : « La solitude est le fait même qu'il y a des existants » (in *Totalité et infini*), cette vérité existentielle n'est, hélas, d'aucun secours pour la plupart des solitaires.

Il faut dire que notre solitude existentielle nous force à un héroïsme de tous les instants. Car si elle nous révèle notre condition, elle nous prive des consolations que procuraient jadis les solitudes parce qu'elles étaient nourries d'un sens. Un chrétien fervent, par exemple, pouvait se reposer de la difficulté d'exister sur Dieu. Or, « la mort de Dieu », proclamée depuis un siècle, nous ôte cette faculté et nous oblige à nous tourner vers nous-mêmes pour tenter de trouver un sens à notre existence.

En fait, nous sommes mis en demeure de devenir notre propre créateur. Est-ce à dire que l'homme est semblable à Dieu ? Assurément, il y a là une source de puissance identique à celle de Rousseau qui affirme avoir trouvé dans sa rêverie de « promeneur solitaire » un « bonheur suffisant, parfait et plein qui ne laisse dans l'âme aucun vide qu'elle sente le besoin de remplir ». Rousseau dont on peut dire qu'avec lui est né, en quelque sorte, le premier solitaire moderne. *Jusqu'alors, la solitude traduisait l'expression d'un isolement physique. Avec Rousseau, la solitude s'intériorise* ; elle gagne les sphères de la psychologie humaine.

En faisant figurer en tête de son ouvrage *Les confessions* la locution « moi seul », notre philosophe n'établissait pas seulement une profession de foi : il annonçait une nouvelle solitude qui allait inspirer tous les déçus de la vie. Avant lui, en effet, l'homme s'écartait volontairement de la foule de ses semblables afin de prier, de méditer, de rêvasser... toutes choses, ou presque, auxquelles se livrait notre philosophe à une différence près : c'est qu'il fut peut-être le premier à se plaindre d'y avoir été contraint. Ce fut sans doute pour lui aussi douloureux que l'est aujourd'hui la solitude pour de nombreux solitaires voire même davantage : n'était-il pas l'auteur enthousiaste du *Contrat social* ? N'avait-il pas lui-même écrit : « Il n'y a que le méchant qui soit seul ? » N'avait-il pas particulièrement souligné la nature sociale de l'homme cependant que des Montesquieu, des Diderot, des D'Alembert ou des Voltaire faisaient leur lit des droits de l'homme et de la liberté individuelle. Seul Rousseau avait osé insister sur l'égalité, la réciprocité des droits de la société et de l'individu. Pour lui, l'homme n'était pas fait pour vivre seul. Il considérait que l'homme ne pouvait exister en dehors de la société. A son propre sujet que dit-il ? Que les autres ne reconnaissent pas sa singularité personnelle et qu'il pense ne pas pouvoir librement l'exprimer. Qu'il se sent condamné à ne vivre qu'en lui-même, avec interdiction de communiquer avec l'extérieur. Qu'il perçoit comme une injustice ces rapports coercitifs. Que la liberté individuelle de conscience, d'expression et de communication lui appartient en propre, surtout s'il s'agit d'exprimer, ce qu'il est réellement. Que, du fait qu'il est irremplaçable, il importe qu'il puisse communiquer. Que toutes ces injustices qu'il dénonce n'atteignent pas seulement sa personne ; mais également les autres qui, du fait même de ces injustices, ne savent pas, et ne sauront jamais, ce qu'il est le seul à connaître.

Il y a dans tout cela un fonds très riche d'humanité dans lequel on peut puiser à pleines mains. Car n'est-il pas vrai que l'impossibilité de communiquer constitue une injustice pour l'individu qui en souffre ? Ce peut être même effectivement analysé comme un gaspillage social : une société qui veut exploiter toutes ses ressources humaines doit mettre à jour ce gisement caché et formidable que représente l'envie de chacun de s'exprimer. La richesse d'une société se juge finalement à la liberté qu'elle concède à ses membres d'être entièrement eux-mêmes. Les libertés politiques font au reste partie de ces libertés. On peut concevoir que l'homme n'est pas seulement cet « animal politique » dont parlait Aristote. Pour beaucoup, le primat, c'est la vie affective. C'est d'ailleurs l'affect qui occupe généralement en bonne place notre moi et qu'il nous importe d'exprimer. Or, c'est cette partie subjective de nous-mêmes qui est précisément inconnaissable et que nous ne pouvons tenter d'exprimer qu'en communiquant.

On voit bien que dire à l'instar de Rousseau « je suis inconnaissable », c'est poser le problème de la communication. A la lumière de cette communication, les articulations deviennent visibles : pour que les autres me connaissent, il faut qu'ils m'entendent, qu'ils m'écoutent; et si je veux connaître les autres, je dois faire de même avec eux.

Ainsi communiquer c'est dire ce qui ne peut être dit que par moi, et écouter ce que je ne peux entendre que par la bouche d'un autre. Car la communication est l'échange de deux expériences singulières, la confrontation pacifique de deux subjectivités.

Il ne peut finalement y avoir de communication que profonde ; car ce que les autres connaissent le moins de moi, et qui est le plus important, c'est ce qui est tapi au fond de moi. L'amour pourrait alors bien être le modèle de toute communication essentielle, son moteur en tout cas. Rousseau, pour sa part, considère que dans l'amour, une seule âme habite deux corps, ne laissant plus rien à désirer, à connaître de l'autre. N'est-ce pas là ouvrir une perspective de solitude ?

III. — **Solitudes et représentations**

Difficilement appréhendées par les sciences humaines en tant que notion, les solitudes sont en revanche plus facilement repérables dans le champ des représentations culturelles. Car, en fait, c'est parce qu'elle n'est pas un objet abstrait de connaissance que la solitude a du mal à devenir une notion, et c'est à l'inverse, parce que sa nature subjective suscite appréhension ou fascination, fantasme ou phobie qu'on la retrouve aisément exprimée ou transmuée à la faveur de multiples représentations.

1. **La complainte des solitudes.** — Si l'on peut affirmer que cela fait cinquante mille ans que la musique existe (*L'invitation à la musique*, Roland de Candé, Editions du Seuil), on n'est pas certain que, dès sa création, elle ait exprimé la solitude des hommes. *Reste que depuis plusieurs siècles, l'opéra offre un théâtre aux situations de solitude humaine vécue généralement par*

des héroïnes ou par des héros que le désespoir conduit à la mort.

Ainsi, le *bel canto* romantique a souvent servi des représentations poignantes de solitudes féminines. L'une des plus fameuses étant celle incarnée par Manon Lescaut qui chante *Sola, perduta, abandonata* (seule, perdue, abandonnée). Mais avant Puccini, comme après lui, d'autres musiciens se sont inspirés de poètes et d'écrivains pour mettre en scène des personnages mythiques gagnés par la solitude.

Ainsi Don Quichotte (de Cervantès) personnage grotesque et truculent, devenu fou à force de lire, et à qui il paraît soudainement plus convenable de se faire chevalier errant. S'aventurant sur le chemin que lui propose son cheval, raillé par tout le monde qui « connaît l'humeur timbrée de Don Quichotte », autrement dit isolé dans sa folie qui lui fait prendre notamment des moulins à vents pour de redoutables géants, ce personnage pittoresque a inspiré Massenet, Mendelssohn, Ravel et Strauss.

Ainsi Faust (de Goethe) qui touche par des voies différentes à la grandiloquence de Don Quichotte. Etre torturé par le désespoir de se savoir toujours insatisfait, en quête d'un idéal de perfection, cet homme de génie reclus toute sa vie durant dans « un misérable trou de muraille » a été mis en musique par Berlioz, Gounod et Wagner.

Ainsi Othello (de Shakespeare), que la jalousie isole dans une solitude intérieure. Marionnette pitoyable du démoniaque Iago, il est l'auteur et le principal co-interprète d'un drame qui a inspiré Verdi...

Mais à la beauté profonde et éternelle de la musique classique, répondent les joliesses éphémères des chansons populaires. Mise en chanson, la solitude retrouve son réalisme. A l'éblouissement d'une mise en scène colorée et d'une orchestration opulente, on substitue des phrases musicales sobres et intelligibles. Certains esprits chagrins considèrent la variété avec un brin de mépris cependant que l'on compte parmi ses plus dignes et talentueux représentants de véritables poètes. *Descendants directs des troubadours d'une autre époque, ils traduisent, avec leur vocabulaire chanté, les solitudes modernes de la nôtre.* Parmi eux, Georges Moustaki qui parle de sa solitude comme s'il se fût agi d'une femme. Et s'il donne à cette condition un caractère anthropomorphique, c'est finalement pour ne pas être seul :

> « Pour avoir si souvent dormi
> Avec ma solitude
> Je m'en suis fait presque une amie
> Une douce habitude
> Elle ne me quitte pas d'un pas
> Fidèle comme une ombre
> Elle m'a suivi çà et là
> Aux quatre coins du monde
> Non je ne suis jamais seul
> Avec ma solitude... »

De son côté, Jacques Brel a plusieurs fois mis en scène des situations de solitude (Zangra, les Vieux, les Désespérés, L'éclusier, Fernand, la Fanette, Orly...). Peut-être plus qu'aucune autre chanson, *Seul* parle d'une inéluctable solitude : *« On est deux, mon amour, et l'amour chante et rit, mais à la mort du jour, dans les draps de l'ennui, on se retrouve seul... »* Et de la même façon, poursuit le poète belge, qu'on soit *« dix à coucher dans le lit de la puissance (...) Cent que la gloire invite sans raison (...) Mille à s'asseoir au sommet de la fortune (...) Un million à rire du million qui est en face (...) On se retrouve seul »*...

D'autres chanteurs ont préféré donner des représentations urbaines de la solitude. Ainsi, Michel Sardou qui a chanté « dans les villes de grande solitude » ou bien Michel Fugain : « regarde les rues de la grande ville, écoute les bruits de la grande ville (...) Mais tout seul, moi je suis tout seul ». En écho, Catherine Ribeiro chante ce qu'elle appelle « la traînitude » :

« Ça traîne, ça hurle, ça fait mal, ça s'appelle la solitude
Ça traîne, ça hurle, ça fait mal, ça crie j'ai envie de baiser
Ça traîne, ça hurle, ça fait mal, une femme, un mec, peu importe
Ça traîne, ça hurle, ça fait mal, ça balbutie fais-moi un enfant
Ça traîne, ça hurle, ça fait mal, y'a plus personne, y'a plus rien... »

Début des années 90, un album sort, intitulé : *Ultra moderne solitude* et signé Alain Souchon...

On le voit, certains artistes contemporains ont à cœur de chanter les solitudes que fabriquent, comme des scories, nos sociétés modernes. La force de ces chansons, c'est qu'elles sont capables d'établir une résonance dans l'esprit des millions de personnes qui les écoutent. Interprètes du monde que nous vivons, les chanteurs mettent parfois en musique les airs regrettables de notre existence. Et lorsqu'ils parlent de solitaires, ils ne font souvent rien d'autre que tendre des miroirs à des visages tordus par la douleur de s'y reconnaître...

2. **Images de solitude.** — Mise en musique, la solitude est, à travers le cinéma, la bande dessinée et la peinture, également mise en images.

Le cinéma. — Quantité de films, de quantité de façons, ont illustré cette condition ; et il serait illusoire de vouloir tous les citer. Mais pour mémoire, on retiendra que le cinéma parlant n'était pas encore né que déjà Paul Féjos réalisait un film qui avait pour titre *Solitude*. « Machinalement, poursuit-il, je prenais le chemin de mon domicile, de cette maison que j'ai en horreur chaque fois davantage... La multitude des locataires rend mon isolement plus douloureux encore... Si j'aperçois un voisin, il me semble qu'il a des raisons d'être heureux que j'ignore et j'enrage ! Pourquoi ne partage-t-il pas son bonheur avec moi ? L'égoïsme humain fait entre nous, dans cette caserne, les murs plus épais, les bruits plus sourds. Seul tu es, seul tu resteras... Et puis brusquement, je suis entré dans un cinéma. Pourquoi ? A cause du titre du film : *Solitude*. Ce mot-là m'était renvoyé, en écho, par un invisible démon, sans doute, qui voulait que j'en sois pénétré. Solitude... Solitude... Solitude... » Evoquant le commentaire d'un critique de l'époque qui faisait preuve d'empathie, Claude-Jean Philippe dira de lui près de soixante ans plus tard :

> « La vision du film solitude ne lui a pas donné l'espoir d'un coup de foudre illuminant, par la grâce d'une minute secrète, le sourire d'une voisine de palier. Elle a simplement dénoué en lui l'étreinte double (...) de cet ennui anxieux engendré par la ville, où l'on se sent à la fois opposé et vide, fiévreux et sans désir... » (*Le roman du cinéma*, t. 1, Fayard).

On voit, à travers ce témoignage et le commentaire qui en est fait, qu'une relation étroite et confondante peut être établie entre un spectateur et un film de cinéma. A la vérité, ce type de rapport est souvent instauré, d'où des phénomènes d'identification, de catharsis : des centaines de jeunes se sont asphyxiés (fort heureusement sans décéder pour la plupart) en voulant imiter le héros solitaire du *Grand bleu*, film culte des années 80.

C'est un fait que le cinéma, auréolé par le prestige de ses stars, a toujours eu une emprise, à quelque degré que ce soit, sur les foules anonymes et fascinées. Comme il est question de foule, il est question de multitudes; celles-là mêmes contre lesquelles le sentiment de solitude s'aiguise : les murs hauts et gris des villes ayant parfois l'aspect et le caractère abrasif des meules.

En 1929, déjà, des cinéastes s'attachent à donner une vision quelque peu tentaculaire de la ville : les appartements étant en quelque sorte ces ventouses par lesquelles les citadins sont aspirés. Comme le rappelle Claude-Jean Philippe *(op. cit.)* Jim et Mary, les deux protagonistes du film de Paul Féjos, « pensaient s'être perdus l'un et l'autre à jamais dans la foule, or non seulement ils habitaient le même immeuble mais ils étaient depuis longtemps, sans le savoir, voisins de palier ». Là encore, comme dans certaines chansons populaires, il est question de la solitude urbaine. Solitude, ville et foule se rejoignent souvent. Or, surprenante coïncidence, la même année (1929) apparaît sur les affiches et dans les salles de cinéma françaises *La foule*, un film de King Vidor...

Contemporain de John Sims — le héros du film de Vidor — Charlot sera bien plus célèbre que lui. Vagabond débonnaire et rusé, toujours flanqué d'une canne et d'un chapeau melon (seuls accessoires qu'un destin misérable a bien voulu concéder à cet éternel émigrant), Charlot a toujours inspiré de la compassion à des centaines de millions de spectateurs ébaubis par sa triomphale solitude.

Qu'il soit père adoptif d'un enfant *(The Kid)*, amoureux mélancolique d'une jeune fille aveugle *(Les lumières de la ville)*, ou bien un individu aliéné par les nouvelles technologies du travail *(Les temps modernes), Charlot émeut parce que son vagabondage nous promène sur des itinéraires de solitude qui ne nous sont pas tout à fait inconnus.* En fait, ce personnage héroïque et mythique mondialement connu touche aux points véritablement pathétiques et comiques de l'existence de chacun. C'est pourquoi Charlot apparaîtra éternellement comme l'une des plus belles, comme l'une des plus attendrissantes, comme l'une des plus glorieuses représentations de la solitude qu'on ait jamais vue au cinéma. Et les « Rambomontades » de certains qui s'épuisent, depuis, à vouloir montrer les actions héroïques d'autres solitaires ne peuvent qu'agacer les spectateurs incrédules qui décèlent en ceux-là de nouveaux mais faux mythes. Car pour qu'un mythe fonctionne en plein, il faut, selon nous, que la représentation du ou des personnages soit assez riche de sens pour être à la fois déformée, amplifiée, et réappropriée par ceux à qui on la montre. S'il est possible de voir en Charlot bien plus que le vagabond, on a du mal à distinguer dans Rambo autre que le mercenaire...

La bande dessinée. — Dans un tout autre domaine, la bande dessinée entretient elle aussi des mythes qui ont un rapport étroit avec la solitude. Ainsi, le personnage de Tintin que l'on voit, certes, toujours entouré de familiers (tels que Haddock, Tournesol, Nestor, La Castafiore,...), mais dont on sait par ailleurs qu'il n'occupe jamais son domicile et qu'il ne s'est mis en ménage avec aucune femme (il est vrai que la thèse de Tintin homosexuel a été défendue; mais l'homosexualité est-elle une garantie contre la solitude?).

D'une création plus récente, le personnage de Corto Maltese transpire davantage la solitude. Héros solitaire, flegmatique et un brin anarchiste, Corto Maltese « ne cherche pas à changer le monde, il se contente de ne pas l'accepter, de rejeter les règles du jeu admises » (*Corto Maltese*, Hugo Prat, Préface de Didier Platteau). On comprend, dès lors, que beaucoup d'adolescents se reconnaissent en ce personnage épris de liberté.

Dans les bandes dessinées, il est fréquemment question de solitudes viriles qui sont systématiquement vécues sur le mode de l'héroïsme. Pourfendeur des injustices et défenseur du parti des faibles, le héros solitaire est toujours visuellement représenté comme l'élément indispensable d'une humanité qui, sans lui, verrait certaines valeurs morales se désagréger. *Pour schématiser à l'extrême : le héros sort de sa solitude, accomplit des hauts faits d'arme, puis y retourne.* Entre-temps, son action aura servi en quelque sorte à maintenir la cohésion et la cohérence d'une société. Un itinéraire très visible dans les albums de Lucky Luke, cow-boy légendaire et solitaire du Far West. Courageux, loyal, honnête, adroit, rusé, doté d'un orgueil juste assez suffisant pour honorer l'espèce humaine, toujours prêt à servir les plus petites causes comme les plus grandes pourvu qu'elle soient justes, Lucky Luke est cet homme de bien dont l'humanité est en manque. Il n'est pas seulement un homme solitaire, mais le seul homme à pouvoir protéger et guider une expédition de colons vers le Wyoming *(Les collines noires),* escorter un chariot transportant la paie des ouvriers *(Ma Dalton),* préserver la paix avec les indiens *(Le XXe de cavalerie),* ramener deux fameux bandits en prison *(L'escorte),* ou bien encore, rapatrier les Dalton du Mexique afin d'éviter une rupture des relations diplomatiques entre Mexico et Waschington *(Tortillas pour les Dalton)...* Autrement dit Lucky Luke n'est pas seulement « un pauvre cow-boy solitaire et toujours loin de son foyer », mais un homme unique, exemplaire, populaire auquel les gens honnêtes peuvent toujours faire appel. Véritable parangon de vertus, s'il a toujours une cigarette vissée dans sa bouche, en revanche, il boit rarement de l'alcool.

Lucky Lucke ne se hisse pas au-dessus de l'humanité mais au contraire s'y plonge pour diffuser, en cercles concentriques, son exemplaire attitude. Certains discuteront l'état de solitude de cette figure mythique de l'Ouest : Joly Jumper n'est-il pas (comme il l'est dit dans l'album intitulé *Jesse James*) le « fidèle compagnon », l' « ami » de Lucky Luke? Pour preuve, cet animal extraordinaire n'est-il pas personnifié au point de pouvoir parler (la plupart des albums), se brosser lui-même *(La 20e cavalerie),* boire du coca-cola avec une paille. *(En remontant le Missipi),* nager le crawl *(Le Daily star),* lire une carte d'état-major *(Le grand duc),* jouer aux dés *(Le bandit manchot)...*? Certes. Cependant, on remarquera que sur vingt-deux albums, un seul souligne cette compagnie mi-humaine mi-animale *(Jesse James).* De plus, excepté un album *(Le bandit manchot),* il n'est jamais établi un véritable dialogue entre le cavalier et sa monture. En fait, Lucky Luke parle à Joly Jumper qui parfois lui répond sans que le cavalier ne l'entende. On a donc personnifié le cheval du célèbre cow-boy en lui octroyant la pensée et non pas la parole. D'ailleurs Joly Jumper lui-même ne s'étonne-t-il pas qu'on interroge un cheval « comme s'il pouvait répondre à leurs questions » *(Chasseurs de primes)*? N'est-il pas furieux que Lucky Luke n'ait pas écouté/entendu son conseil lorsqu'il l'exhortait à ne pas mettre pied à terre *(L'empereur Smith)*?

En sorte qu'il faut voir, en définitive, Lucky Luke comme un homme réellement seul qui cherche à édulcorer sa solitude en parlant, non pas *avec* mais, *à* son cheval. En somme, une attitude que l'on peut observer en réalité dans n'importe quel haras, et chez nombre de personnes seules, propriétaires d'un chien ou d'un chat... Sa solitude est au reste exprimée dans sa ritournelle finale : « *I'm a poor lonesome cow-boy and a long, long way from home...* » Traduisons : il est solitaire, vaguement malheureux *(a poor lonesone).* De fait, il est loin de son foyer *(a long way from home).* L'adjectif « *lonesone* » exprime la solitude un peu triste, un peu résignée du héros. Cependant, le mot est moins fort que l'adjectif « *lonely* », par exemple, qu'on traduirait par « esseulé ».

Notons qu'un autre cow-boy de BD est aussi toujours seul : Lone Ranger. Membre de la police montée, il est, lui, l'unique *(lone)* représentant de la loi dans le territoire qu'il surveille. L'adjectif ne traduit ici qu'un isolement géographique, sans nuance d'abandon ou de mélancolie. Heureux ou non, les héros doivent être de toute manière solitaires. Et comme c'est le cas pour bon nombre de nos contemporains, ils souffrent de leur solitude lorsque celle-ci n'est pas engloutie dans le tourbillon de l'action.

La peinture. — D'une façon nettement plus artistique, la peinture traduit parfois en images la solitude humaine. Sujet d'art ou mode de vie pour des artistes maudits, elle a été, elle est, et elle restera la muse de bien des peintres. L'un des plus fameux d'entre eux, *Vincent Van Gogh est sans doute celui qui a le plus intensément exprimé, à travers sa propre vie et son art, des illustrations frappantes de solitude.* René Huyghe considère pour sa part que : « En cette fin du XIXe siècle, qui paracheva la faillite des convictions communes et abandonne à sa solitude individuelle l'homme soucieux de son destin et de sa raison de vivre, Van Gogh, être de fièvre ou de tumulte, ne pouvait courir son aventure qu'en se séparant des autres et en s'enfonçant en lui-même » (*Van Gogh*, Flammarion). Ce qui, traduit dans son art, donne de ses oliviers (par exemple) l'impression de s'enflammer sous le soleil de Saint-Rémi, et communique à bon nombre de ses toiles une insondable détresse.

Quelques années plus tard, Soutine, autre peintre fameux, ira le rejoindre dans le cénacle étrange des artistes maudits et toujours solitaires. Comme lui, il triturera vigoureusement les couleurs et les transformera en vocabulaire du désespoir. Toutefois, Vincent Van Gogh ne s'est pas livré à cette fascination de la laideur chère à Chaïm Soutine. Il s'est contenté de « peindre d'immenses étendues de blé » et, toujours de son propre aveu, il ne s'est « pas gêné pour chercher à exprimer de la tristesse, de la solitude extrême » (*Vincent Van Gogh*, Pierre Leprochon, Jean-Claude Lattès). A talent sans doute égal, Van Gogh et Renoir — son contemporain — ne sont pas aujourd'hui cotés tout à fait au même prix : il s'en faut de quelques dollars, ou plutôt de quelques yens...

La solitude qui a emporté la raison du Hollandais explique, dans une certaine mesure, et pour partie, sa singulière postérité. On sait, en effet, les Japonais grands admirateurs et surtout principaux acheteurs des œuvres de Van Gogh. Certains hommes de culture ont mis en correspondance avec ce phénomène plusieurs particularités : outre les couleurs jaunes et rouges chères aux habitants du pays du Soleil-Levant, la tragique solitude du peintre établirait une proximité culturelle avec le destin de leurs samouraï et de leurs kamikazes (bien que ceux-ci appartiennent à un ordre communautaire, un peu à l'instar de nos moines). De fait, le peintre, sa vie, son œuvre, et sa folie forment ensemble le mythe Van Gogh. Tandis que les tableaux de Renoir font partie du patrimoine culturel de l'humanité, l'homme Van Gogh avec son œuvre appartient à un patrimoine de souffrance et de rédemption par la création. Il rejoint, par là, les très rares êtres, réels ou fictifs, qui fondent la permanence mythologique de l'humanité, les « génies » que chaque génération successive retrouve.

Si Vincent Van Gogh est aujourd'hui le peintre le plus cher au monde, La Joconde demeure le personnage pictural le plus mondialement connu. Point commun entre les deux : leur solitude.

Œuvre exceptionnelle, célébrissime, *La Joconde est cette jeune femme qui a, en quelque sorte, culturellement perdu son mari, Francesco del Giocondo, pour vivre à travers les siècles une solitude artistique.* Depuis 1503 (environ), elle apparaît seule et essentielle, en avant-scène d'un probable paysage de Lombardie que, comme nous, elle néglige de regarder. Seule parmi la foule des visiteurs du Louvre, La Joconde traverse les siècles en gardant toujours les mains croisées sur son exceptionnel destin. Comme pour tous les solitaires, son univers s'est rétréci : 7 cm environ sur les bords latéraux du tableau. Et puis, surtout, il s'est particulièrement obscurci : une épaisse couche de vernis uniformise les nuances du tableau. Pire encore, son unicité, sa célébrité ont attiré des jalousies et suscité de vives attaques. Elle connaît le sort de toutes celles et de tous ceux qui, dans la vie, se singularisent... Des charges violentes sont menées contre elle par Marcel Duchamp, Francis Picabia et les Dadaïstes. La Joconde deviendra même un sujet de dérision pour Salvatore Dali. En somme, bien qu'on ait dit qu'elle était enceinte, asthmatique et même un jeune homme travesti ; bien qu'on l'ait vue moustachue, difforme, en un mot démystifiée ; si La Joconde a survécu à tous ces outrages successifs, elle doit endurer aujourd'hui le plus difficile : celui infligé par sa condition de personnage unique, condamné pour l'éternité à vivre la solitude d'une existence appropriée par tous mais n'appartenant à personne, sinon, peut-être, à Léonard de Vinci dont combien se souviennent qu'il en fut l'auteur ?...

3. **Mythes littéraires et solitaires.** — Nombre de personnages appartenant au monde de la littérature ont été créés ces derniers siècles et ont atteint une renommée mythique. Parmi eux, Don Juan, Don Quichotte, Hamlet, Faust... *Plus intéressant, encore, est le person-*

nage de Robinson Crusoé car il est le modèle récursif du mythe de la solitude à partir duquel a été élaborée toute une production littéraire sans doute encore jamais égalée jusque-là. Tout le monde connaît l'histoire écrite par Daniel Defoe, qui fut publiée, la première fois, en 1719. Directement inspiré de l'aventure authentique vécue par un certain Alexandre Selcraig, *alias* Selkirk, le récit de Defoe s'en est cependant éloigné pour être sûr d'amener son auteur à quelques encablures de la gloire littéraire. C'est pourquoi, l'histoire se déroule dans une île des Caraïbes, plus porteuse d'imaginaire que l'île Màs a Tierra (où avait réellement eu lieu la réclusion insulaire de Selkirk); c'est pourquoi son protagoniste connaît une solitude de vingt-huit années, et non pas de quatre ans (comme ce fut le cas en vérité); et c'est pourquoi, enfin, survient dans l'évolution du récit, le personnage de « Vendredi » dont il fut nullement question dans la fantastique et néanmoins réelle aventure du sieur Selkirk. Mais la création autorise toutes les libertés, toutes les audaces. Et il faut bien reconnaître que celles que Daniel Defoe s'est octroyées furent récompensées par un succès populaire sur lequel plus de deux cent soixante-dix années n'ont déposé qu'une légère patine...

Souvenons-nous : Crusoé échoue sur une île déserte à la suite d'un naufrage dont il est le seul survivant. Durant des années, il combat mentalement le désespoir et sa propre volonté d'anéantissement. Avec l'âme d'un guerrier vaincu, il se sait parfois guetté par la folie. Un indigène survient qui ne le délivre pas pour autant du sentiment de solitude. Puis, Robinson, désireux de restaurer quelques bouts de civilisation, aménage sa solitude en faisant preuve d'un esprit industrieux. Ainsi Crusoé s'impose-t-il en héros, et non plus en victime, d'une aventureuse et romanesque solitude. Autrement dit, Robinson cesse de simplement exister sur son île à partir du moment où il décide d'y vivre. Il réinvente toute la société à lui seul, et ce faisant, réaffirme la vocation sociale de l'homme.

Pour Michel Tournier qui transfigurera le récit de Daniel Defoe, il ne fait aucun doute que : « Bien de tous les hommes, Robinson est l'un des éléments constitutifs de l'âme et l'homme occidental. C'est qu'en effet, sous quelque aspect qu'on l'envisage, il est présent et vivant en chacun de nous. Son mythe est à coup sûr l'un des plus actuels et des plus vivants que nous possédions ou plutôt dont nous soyons possédés » (*Le vent Paraclet*, Gallimard).

De fait, c'est une vision très contemporaine et humaniste de Robinson Crusoé que nous apporte Tournier à travers son roman intitulé *Vendredi, ou les limbes du Pacifique*. Sous la plume du romancier-philosophe, le compagnon de Robinson n'est plus l'indigène sauvage qui se civilise au contact de l'Anglais, mais un guide dont a besoin le naufragé pour explorer et défricher sa solitude. Véritable paradigme, Robinson Crusoé a été traduit dans pratiquement toutes les langues du monde et décliné sur presque tous les tons littéraires et philosophiques. Si l'on compte les plagiats, les pastiches et autres adaptations, c'est à plus de deux mille exemplaires que s'élève la bibliothèque des « Robinsonades » ! *Seuls les personnages solitaires peuvent atteindre une telle dimension mythique et universelle.*

Chapitre III

HISTOIRE DES SOLITUDES

> « Le langage est pris dans l'action sociale dont il constitue un moment essentiel. Il permet à des hommes de se comprendre d'autant mieux qu'ils partagent les mêmes conditions d'existence et quand ils insistent sur certaines particularités ou déviances, c'est surtout pour réaffirmer leur fraternité, leur appartenance à un même groupe, échappant ainsi à leur solitude. »
>
> Pierre Sansot, *Les gens de peu.*

Il en va des êtres comme il en va des phénomènes de société : leur histoire nous instruit toujours. Celle liée aux solitudes est fort ancienne, mais cette ancienneté est précisément de nature à nous éclairer sur nos solitudes actuelles. Car il est vrai que c'est à la faveur d'évolutions successives que sont apparues, ici et là, de nouvelles solitudes.

I. — La solitude ontologique de l'homme

1. **La solitude dans la genèse.** — Si l'on accepte la vision biblique de la naissance du Monde, force est de constater que la solitude préexistait à toute forme de société humaine. « Adam était seul au Monde comme

Dieu est seul dans le ciel », est-il écrit dans les Saintes Ecritures. Aussi, considérant qu'il n'était « pas bon que l'homme soit seul (...) Dieu façonna une femme et l'amena à l'homme » (Genèse). Ainsi naquit la première des sociétés : le couple. Déjà, perce, à travers le jugement du Créateur, une appréciation négative de la solitude. Plus loin dans l'Ecclésiaste, une recommandation est carrément faite à son sujet : « Mieux vaut être deux que seul, car ainsi le travail donne bon profit. » La nécessité de s'unir à l'autre est également fondée sur une notion guerrière de solidarité : « Là où un homme seul est renversé, deux résistent, et le fil triple ne rompt pas facilement » (L'Ecclésiaste). On essaye, par ailleurs, de faire oublier à l'homme sa solitude originelle en l'exhortant à créer une famille, ou plutôt en condamnant celui qui, vivant seul, « n'a pas de second, pas de fils ni de frère » et pour qui, corrélativement, « il n'y a pas de limite à toute sa besogne, et ses yeux ne sont pas rassasiés de richesses ». *Ainsi, l'homme vivrait sa condition, depuis toujours, sur un vieux fonds de solitude originelle qu'une humanité chrétienne s'appliquerait à guérir comme une blessure jamais cicatrisée.*

C'est peut-être à la bible qui ne fait rien moins que d'organiser le Monde à sa façon, et, à travers lui, les rapports entre les hommes qui le composent, que nous devons, en définitive, cet *a priori* détestable sur la solitude. Car aussi bien, s'il était écrit partout dans les Saintes Ecritures « qu'il est bon que l'homme soit seul » n'aurions-nous point davantage connu une humanité religieusement et culturellement formée sur le modèle de la solitude plutôt que sur celui de la famille ? La question reste ouverte.

2. **Solitude et dépendance.** — Sur un plan mythique, on est passé d'une solitude originelle et originale à des solitudes nombreuses et banales. Entre-temps, il est

vrai, la solitude aura pris des formes historiques et traditionnelles grâce aux représentations que lui auront données certains philosophes, certains religieux et certains artistes. Depuis lors, la solitude a cessé d'être l'apanage de quelques-uns pour appartenir à tous. *Une nouvelle ère des solitudes est arrivée qui, sur le fondement de la liberté et de l'indépendance individuelles, fait émerger des solitudes extrêmement variées et diversement appréciées.*

Le bonheur et le malheur balisent la quête du solitaire, comme la naissance et la mort balisent la solitude humaine. D'originellement seul, l'homme est devenu fondamentalement dépendant. *De fait, aujourd'hui l'homme est seul parce qu'il est dépendant.* Cette dépendance s'exprime en terme de besoin : si l'on n'avait pas besoin de l'autre, on ne se sentirait pas seul en son absence. Surtout, cette solitude ne serait pas inscrite sur le registre des frustrations.

C'est en raison même de sa nature imparfaite que l'homme est essentiellement dépendant. Essentiellement indépendant, il ne peut l'être puisque l'indépendance est réservée à Dieu, Seul. C'est là, bien évidemment un point de vue théologique auquel on peut ajouter une vision plus sociologique des choses.

Pour Albert Memmi, par exemple, « la dépendance est l'expression de la réciprocité permanente, dans le besoin de la majorité des membres d'un groupe » (*La dépendance*, Albert Memmi, Gallimard). De là, on en vient à fonder des liens sociaux particulièrement étroits lorsqu'ils sont sous-tendus, en plus de cet intérêt réciproque, par des sentiments. D'une façon générale, les couples et les familles vivent avec la conviction d'une dépendance qui lie les uns et les autres. *Lorsqu'on s'aime, on répète à l'envi qu'on ne pourrait pas vivre l'un sans l'autre. Le besoin est toujours là qui fonde la dépendance qui fonde la solitude.*

D'une façon générale, on imagine, à travers l'amour, l'avènement d'une communion qui jetterait les bases d'une entente parfaite, et d'un échange total. Une communion qui restaurerait la fusion originelle. Or, cette fusion est un leurre. Car si proche que l'on soit de deux identités communes, chacune d'elles conserve sa spécificité, son identité propre. Tout comme « il n'y a pas d'amour heureux », il n'y a sans doute pas de communication totalement réussie.

De nos jours, la solitude de l'amoureux, condamné à soliloquer avec son propre discours, est plus forte que jamais. D'abord parce qu'on a un besoin irrépressible de s'entendre dire des mots d'amour. Ensuite, parce qu'une solitude tenant à des raisons idéologiques assaille l'amoureux contemporain; c'est en tout cas le postulat de Roland Barthes, auteur de *Fragments du discours amoureux* (Editions du Seuil). A propos de ce discours, Barthes précise, en effet, qu'il « est peut-être parlé par des milliers de sujets (qui le sait?), mais il n'est soutenu par personne; il est complètement abandonné des langages environnants, ou ignoré, ou déprécié par eux (...). Lorsqu'un discours est de la sorte entraîné par sa propre force dans la dérive de l'inactuel, déporté hors de toute grégarité, il ne lui reste plus qu'à être le lieu, si exigu soit-il, d'une affirmation ». Et Barthes de résumer ainsi sa pensée : « Le discours amoureux est aujourd'hui d'une extrême solitude. »

L'homme, lui-même, est un être de solitude. Pourtant, il mène une vie « d'animal social » (Aristote). Dans un mouvement dialectique, la solitude fonde la société qui efface le souvenir de cette solitude, ou le refoule. Le petit de l'homme ne connaît pas que le besoin. Dès après la naissance, il fait l'apprentissage du désir. Le désir de l'enfant pour sa mère s'enracine dans un besoin, en dépassant infiniment ce besoin. Il le dépasse par tous les symboles qui viennent se greffer sur lui en respectant le cadre immuable d'une sacro-sainte loi : la prohibition de l'inceste en laquelle tous les ethnologues ainsi que Freud ont vu une loi fondamentale de l'humanité.

L'individu ne parvient sans doute jamais à se remettre de sa solitude originelle : « On ne se guérit pas de soi », a écrit Jean-Paul Sartre. Mais en apprenant le langage qui lui permet de dire son désir à défaut de le satisfaire, l'être humain entre dans le monde culturel. *Parce qu'elle constitue le fonds commun de l'humanité, la solitude ne cesse de recevoir des représentations symboliques qui d'ailleurs varient suivant les âges et les sociétés.* Reste que l'individu n'appréhende sa solitude existentielle qu'à travers les représentations culturelles dont il dispose grâce à son éducation, son milieu, son époque.

Mais alors qu'il est fondamentalement dépendant, l'homme cherche et revendique même son indépendance. Une indépendance qui est en filiation directe avec l'individualisme triomphant de notre époque. Aujourd'hui, en effet, l'individu tient expressément à affirmer son indépendance, ce faisant, il dit implicitement qu'il n'a besoin de personne. Du coup, il devient auteur de sa propre solitude en même temps que sa victime. Car la vérité, c'est qu'il a fondamentalement besoin de l'autre même s'il laisse accroire le contraire. Il aspire à l'indépendance, mais il n'a pas les moyens de son ambition. Cette incapacité profonde provient de ce que *l'homme d'aujourd'hui est, par certains égards, tourmenté par son double besoin d'amour et d'indépendance : deux besoins contradictoires qu'il lui faut gérer presque au quotidien et dans le silence d'une solitude existentielle.* Amour et indépendance, liberté et passion; à travers une inavouable quête des valeurs rayonnantes de notre société, l'individu court solitairement et parfois vainement après son bonheur.

II. — La solitude à travers les siècles et les hommes

1. **Antiques solitudes.** — Dans les sociétés antiques, la solitude était indissociablement liée à la sagesse. On prête à Cicéron ce mot très significatif de notre propos : « Le sage n'est jamais moins seul que lorsqu'il se retrouve seul. » Parce que le monde détourne l'homme du chemin qui est susceptible de l'amener à l'essentiel, celui-ci doit s'en extraire. A l'écart des autres, l'homme se retrouve lui-même. Sa réflexion se fait plus sereine et plus profonde ; elle obtient une limpidité d'eau de source que rien ne vient troubler. Plusieurs siècles après Cicéron, Montaigne dira : « C'est assez vécu pour autrui, vivons pour nous au moins ce bout de vie (...). La plus grande chose du monde, c'est de savoir être à soi. » L'auteur des *Essais*, pour qui l'art de vivre devait se fonder sur une sagesse prudente inspirée par le bons sens et par la tolérance, reprend l'idée ancienne suivant laquelle la perfection est une exacte concordance entre soi et soi. Ainsi détachée de tout ce qui lui est extérieur, l'âme doit pouvoir trouver sa satisfaction en elle-même. Et la solitude l'y aide mieux que la fréquentation des foules, au milieu desquelles il ne lui est pas interdit de s'aguerrir en résistant à leur distraction. « Ce n'est pas que le sage ne puisse pourtant vivre content et seul en la foule d'un palais », dira également Montaigne ; néanmoins, à choisir, « il en fuira même la vue », car d'un point de vue pragmatique, il est plus facile d'être soi-même en étant seul que lorsqu'on est entouré par autrui.

Seul, dans sa cellule où il opéra sa conversion, Verlaine a notamment écrit sous le titre « Sagesse » :

> « ... Des odeurs. Des bruits vains. Où que vogue le cœur,
> Toujours ce poudroiement vertigineux de sable,
> Toujours ce remuement de la chose coupable.
> Dans cette solitude où s'écœure le cœur !

De près, de loin, le sage aura sa thébaïde
Parmi le fade ennui qui monte de ceci,
D'autant plus âpre et plus sanctifiante aussi
Que deux parts de son âme y pleurent, dans ce vide ! »

Toutefois, des sages ont pu mener leur réflexion au milieu de la foule précisément. Loin de fuir l'humanité, ils s'en approchent afin d'en atteindre (et d'en entendre ?) le cœur. Parmi les exemples les plus brillants figure celui de Socrate. On se souvient que ce vieil homme que la Pythie avait, dit-on, désigné comme le plus sage des hommes se promenait dans les rues d'Athènes pour enseigner sa philosophie aux jeunes comme aux anciens. Mais, *bien qu'il fût souvent au milieu de la foule, Socrate a toujours été un homme profondément seul.* D'ailleurs, dans l'apologie de Socrate par Platon qui reproduit l'essentiel du discours prononcé par Socrate lors de son procès, il est dit la solitude d'un être d'exception qui se proposait simplement d'enseigner la sagesse aux autres. Philosophe solitaire sa vie durant, Socrate connut au soir de sa vie la solitude du condamné à mort. Accusé de corrompre la jeunesse, de ne point honorer les dieux de la cité et de leur substituer des divinités nouvelles, il fut condamné par un jury somme toute assez partagé sur le bien-fondé des chefs d'inculpation. Car à la vérité, on reprochait surtout à Socrate, grand maître en rhétorique, de révéler aux hommes qui croyaient être sages qu'ils ne l'étaient pas. Sa suprême sagesse lui fut fatale, mais il ne la renia point : « J'aime beaucoup mieux mourir après m'être défendu comme je l'ai fait que de vivre grâce à ces bassesses », dira-t-il lors de son procès.

Plus rationaliste que stoïcien, Descartes — un autre sage — fera une apologie lyrique et assez surprenante de la solitude. Dans une lettre adressée à l'un de ses amis, il invite celui-ci à « choisir Amsterdam » pour sa retraite de préférence à « tous les couvents des Capucins et des Chartreux ». Mais, s'il recommandait à son ami l'une des villes qui déjà, à son époque, était l'une des plus actives du monde (du fait notamment du négoce qui s'y développait), Descartes se définissait néanmoins comme « un homme qui marche seul et dans les ténèbres » (*Discours de la méthode*, Garnier-Flammarion). « Je m'en vais promener tous les jours parmi la confusion d'un grand peuple, avec autant de liberté et de repos que vous sauriez faire dans vos vallées. » On voit ici que la ville trépidante abandonne l'homme sage et ce faisant le rend à lui-même. Autrement dit, le groupe social l'absorbe en même temps qu'il le rejette. *De ce point de vue, la solitude urbaine apparaît comme une image vivante de la solitude métaphysique qui fonde le sujet.*

Dans son *Discours de la méthode,* Descartes se présente comme étant à la recherche de « la vraie méthode pour parvenir à la connaissance de toutes les choses dont (son) esprit serait capable ». Au bout de cette recherche apparaît un précepte : « Ne recevoir jamais aucune chose pour vraie que je ne la connusse évidemment être telle » (*Discours de la méthode*, Garnier-Flammarion). C'est le début d'une construction de la solitude comme condition d'accès à la vérité. Toute certitude est extraite de la solitude absolue de la conscience car pour aboutir à cette certitude immédiate de la réalité, il est nécessaire que l'homme commence par abolir la réalité extérieure par un doute hyperbolique. C'est de ce doute qu'est né le fameux *cogito ergo sum* (Je pense donc je suis) ; autrement dit la certitude unique, et peut-être même solitaire, de soi. Véritable acte de naissance de l'individualisme moderne, le *cogito* de Descartes confère à la solitude un sens qu'elle n'avait jamais eu jusque-là. Car c'est sans doute le résumé d'une sagesse actuelle, et donc accessible à tous, que de dire que la solitude intellectuelle peut être fondatrice.

2. **Seul avec Dieu.** — Fondateur est également le lien entre la solitude et certaines pratiques religieuses. *D'une manière évidente, en effet, les vies érémitiques choisies par certains hommes de foi ont été, et demeurent pour tous les esprits frappés par leur radicalisation, des modèles puissants, symboliques et remarquables d'existences solitaires.*

L'ermite. — Dans son ouvrage intitulé *Les hommes ivres de Dieu* (Fayard), Jean Lacarrière se penche sur la condition des ermites chrétiens du IVe siècle qui vivaient dans le désert. Quoique extrêmement pénibles ces conditions étaient précisément celles que recherchaient ces « athlètes de l'exil ». Dans leur dénuement, ces hommes ne pouvaient prétendre qu'au secours des anges tandis que Satan venait les menacer sous la forme de monstres ou d'animaux venimeux... Car il faut rappeler que le monde physique n'était pour les chrétiens qu'une représentation symbolique du combat entre les anges et les démons. Le monde vierge du désert composait « une toile de fond » aux combats qu'ils entendaient mener contre Satan. Mais le diable doté de ses pouvoirs maléfiques pouvait aussi les confronter à des tentations, comme ce fut le cas notamment pour saint Antoine. C'est, au reste, à ces vaillants solitaires du désert que nous devons d'avoir vu « le démon de midi » pénétrer notre langage : c'est à l'heure la plus chaude du jour que le diable essayait de s'introduire en eux afin de les dégoûter de leur existence solitaire et de les forcer à y renoncer.

Au fur et à mesure que le christianisme se propageait en Orient, en Egypte, en Palestine, en Syrie, la solitude conquérait de nouveaux territoires. Le phénomène fut naturellement identique en Occident, et notamment en Espagne et en Germanie.

Toute la chrétienté a été saisie par l'exemple de ces ermites qui renonçaient à la société des hommes et qui désiraient « oublier ce monde perverti dans la nudité, dans la blanche et sereine abstraction des déserts » (*Les hommes ivres de Dieu*, Jean Lacarrière). Une attitude peu courante et ancienne qui a été néanmoins adoptée par certains hommes de notre siècle. Ainsi, notamment, Charles de Foucauld qui, vers 1905, a établi son ermitage à l'Asekrem, à quelque 3 000 m d'altitude, au fin fond du Sahara algérien. « Père du désert », Charles de Foucauld a décidé d'imiter la pauvreté, et l'obscurité de la vie du Christ à Nazareth. Ecoutant l'apôtre Marc : « Venez vous autres, à l'écart, dans un lieu désert », il conformera son attitude à la vie du Seigneur. A propos de sa vocation à la solitude, il écrira : « Plus nous serons seuls avec Jésus, plus nous la goûterons, l'amour aime le tête-à-tête, moins nous serons avec les créations, plus nous pourrons consacrer toutes nos minutes, toutes nos pensées, tout notre cœur à un seul amour et à la seule contemplation de Jésus, plus doucement, plus pleinement nous jouirons de notre bienaimé que ce soit un temps de solitude... » (*Œuvres spirituelles de Charles de Jésus père de Foucauld*, Editions du Seuil).

On comprend, à travers l'exemple de Charles de Foucauld, que l'anachorète est un ascète (du grec *asketes* : celui qui s'exerce). Il s'exerce, en l'espèce, à oublier sa chair en s'imposant, par piété, des exercices de pénitence, des privations, des mortifications. « Je tue mon corps parce qu'il me tue », dira sainte Dorothée tentée, comme d'autres, par une vie de renoncement absolu. Le désir de vie érémitique sera également réalisé par sainte Claire d'Assise qui vivra durant quarante-deux ans dans une petite cellule de l'église de Saint-Damien.

Oublier son corps, c'est ce que faisaient également, dans une certaine mesure, les premiers chrétiens d'Egypte qui allaient s'enfouir dans des tombeaux. Imitant en cela les cateuques de l'Egypte ancienne qui s'enfermaient avec les morts afin de s'initier à une connaissance interdite aux personnes vivantes. Toutefois, l'anachorète n'est pas un mort vivant. Il entend au contraire s'éveiller pour naître, dans une vie purement spirituelle. S'il meurt au monde (c'est-à-dire s'il s'en isole), c'est pour renaître dans une vie éternelle. Somme toute, « l'ascète chrétien (qui) marche déjà à la suite du Christ hors du monde présent » (*La vie de saint Antoine, essai sur la spiritualité du monachisme primitif*, Louis Bouyer, Fontenelle), s'identifie en quelque sorte à cette sagesse dont il est fait un éloge dans l'Ancien Testament : « En elle (la sagesse), est en effet un esprit intelligent, saint, unique, multiple, subtil (...). Bien qu'étant seule, elle peut tout, demeurant en elle-même, elle renouvelle l'univers. »

Le moine. — Une parabole qui s'applique aussi bien à l'anachorète qu'au cénobite, sachant toutefois que si le premier est un religieux contemplatif qui se retranche du monde (étymologiquement, anachorètes : « qui se retire »), le second vit en communauté (étymologiquement, koinobion : « vie en commun »).

Il reste que l'anachorète isolé de tous ses semblables et le cénobite retiré au milieu de quelques-uns éprouvent deux degrés d'une solitude identique dans ses principes. Historiquement, c'est la solitude de l'anachorète qui a provoqué l'apparition de la solitude monacale.

Du mouvement spontané et fondamentalement asocial qui emmène des religieux fervents jusqu'à des solitudes extrêmes va naître, en effet, le monachisme. L'un des mouvements spirituels et collectifs les plus forts et les plus durables de l'histoire de l'humanité a donc été amorcé par quelques irréductibles solitaires. Autrement dit, la vie monacale a été inspirée d'attitudes érémitiques.

En regardant de près l'itinéraire de saint Pakôme, qui fut dès la première moitié du IVe siècle l'un des fondateurs de l'ordre monastique, on remarque, à cet égard, que cet homme avait commencé par vivre une solitude absolue dans le désert avant de faire construire (sur l'ordre d'un ange, dit-on) le premier monastère de la Chrétienté. De même, saint Antoine — autre inspirateur du monachisme — était un ermite de la Thébaïde.

L'exil hors du monde a donc bien marqué la première étape d'une solitude qui s'est ensuite développée dans tout le monde chrétien. Après les ermites qui vivaient dans les bois, dans des grottes ou dans des déserts, ce sont nos moines qui ont perpétué la tradition des « Pères du désert ». Si le mot moine vient de l'étymologie grecque *monos* (qui signifie « seul »), il convient d'observer que la solitude intérieure des moines est strictement encadrée par des règles de vie communautaire. Il s'agit donc d'une solitude collective, ou plutôt de solitudes collectivement organisées. *De fait, au sein de l'ordre monastique, le solitaire demeure, jusqu'au plus profond de sa solitude, le membre indistinct d'une communauté religieuse ;* le moine se rattachant avant toute chose à son ordre.

Certains ordres ont fixé des règles très strictes et draconiennes. Les Trappistes s'enferment dans un silence aussi épais que les murs qu'ils habitent. Les Chartreux se cloîtrent dans des monastères haut perchés et difficilement accessibles. Les Stylites s'inspirant du fondateur de leur mouvement, Syméon, vivent juchés sur des hautes colonnes qu'ils ont dressé afin d'être isolés du reste du monde. Certes, il ne s'agissait pas là d'un ordre monastique, mais d'un mouvement religieux d'une extrême importance qui a débuté à la fin du IVe siècle et qui s'est développé dans toute la Syrie du Nord jusqu'au XVe siècle !

Comme l'ermite, le moine est physiquement hors du monde et s'efforce de l'être davantage par l'esprit. Ce n'est d'ailleurs point le fait du hasard si saint Bruno — le fondateur de l'ordre des Chartreux — a choisi, au XIe siècle, d'installer sa communauté sur les hauteurs de la Grande Chartreuse, dans un site appelé précisément « le désert ». La discipline monacale est là pour guider le moine sur le chemin de son ascèse. Les veilles, les prières, les jeûnes sont notamment destinés à dégager l'âme de la torpeur qui la menace. Par la mortification, dans le silence du monde, à travers le dialogue avec Dieu, le solitaire chrétien prétend à une perfection qui lui ouvrira les portes du ciel. Mais il n'est pas seulement question d'une perfection individuelle : le moine doit également avoir le souci d'accéder à une perfection sociale.

De fait, le monastère est un lieu de prière et de travail « enténébré de cette obscurité propre au recueillement », comme l'a écrit si joliment Chateaubriand. Dans cette perspective, le travail professe l'humilité, le labeur enseigne la patience, laquelle se voit élevée au rang d'une vertu spirituelle qui parfois redescend au niveau du langage commun : ne parle-t-on pas d'un « travail de bénédictin »? Instrument de socialisation, le travail sert à rappeler au moine qu'il demeure un membre humble d'une communauté, aussi haut que l'emporte son itinéraire spirituel.

Le moine cénobite n'est pas un homme parmi d'autres hommes mais bien plutôt un homme d'entre tous les hommes. Comme l'écrit Michel Hubaut : « La prière en solitude, si elle est habitée par Dieu, n'enferme pas l'homme sur lui-même mais, au contraire, l'ouvre aux autres et à la mission universelle du Christ » (*Christ, notre bonheur. Apprendre à prier avec saint François et sainte Claire d'Assise,* Le Sarment, Fayard). La singularité de ce genre de solitude réside dans la piété extraordinaire du moine qui le conduit à une claustration alors même que son amour fraternel des hommes est censé le placer au cœur de l'humanité.

Comme Moïse, Elie ou le père de Foucauld, saint François d'Assise a fait partie de ces grands témoins de l'histoire religieuse judéo-chrétienne qui ont connu des temps de profonde solitude avant de se consacrer à une vie apostolique. Comme la plupart des mystiques, ils demeurent des hommes de silence. A cet égard, ce propos de saint François d'Assise est significatif : « Pas de bavardages inutiles, car bien que vous soyez en voyage, votre conduite doit être aussi intègre que si vous étiez dans un ermitage ou dans votre cellule. (...) Si notre âme ne demeure pas dans le calme et la solitude à l'intérieur de notre corps, à quoi bon habiter une cellule faite de main d'homme? » On a noté chez ce religieux une attitude ambiguë où seul domine son amour pour Dieu : « Dès sa conversion, François est poussé par l'esprit à trouver son rythme propre. Ses lieux de silence ne seront ni le cloître monastique, ni l'école canoniale à l'ombre d'une cathédrale. Il sera, trois ans durant, une sorte d'ermite maçon, à la fois retiré et proche de la vie quotidienne de ses concitoyens d'Assise. Tantôt perdu dans la campagne où il répare des églises en ruine, tantôt au service des lépreux dans le lazaret local (...). Ainsi le seigneur l'initiait à une nouvelle intégration originale de la prière, à un rythme de vie binaire : solitude-service, rupture-communion, silence-foule » (*Christ notre bonheur*, Michel Hubaut, Le Sarment Fayard).

Le saint. — La solitude n'a jamais été plus fascinante qu'à travers la figure du saint. Elle n'a pourtant jamais été moins accessible au commun des mortels puisqu'il lui faut bénéficier d'une intervention divine pour l'obtenir. La sainteté est, dans une certaine mesure, une représentation religieuse de l'héroïsme au sens où elle est une manifestation de l'extraordinaire.

La solitude traditionnelle du saint, comme celle du héros laïque, prend toujours des poses spectaculaires. Du coup, la sainteté devient repérable au travers d'un don de prophétie, d'exhalaisons mortuaires (le corps dégage des fragrances dès que l'âme le quitte, de telle sorte qu'il est en « odeur de sainteté »), ou d'un pouvoir thaumaturgique (aptitude à faire des miracles). Généralement, les vertus de la sainteté s'expriment au bénéfice de la communauté. D'ailleurs, les demandes de sanctification sont souvent formulées par des populations qui espèrent en obtenir quelque avantage. Parce qu'ils ont atteint un très haut degré de perfection chrétienne durant leur vie, les saints font l'objet d'un culte public et universel. Leur tombeau devient un lieu de pèlerinage où l'humanité souffrante et adorante vient chercher des consolations, des protections, voire même des guérisons. Dans leur logique religieuse, certaines villes n'hésitent pas à se disputer les reliques des saints parce qu'elles sont convaincues qu'elles attirent la bienveillance de Dieu : le saint étant considéré comme un intercesseur entre le ciel et la terre. Cette terre sur laquelle le moine prie pendant qu'au ciel le saint parle à Dieu en notre nom...

On comprend que les figures saintes, bien qu'elles soient généralement solitaires, ne rompent pas la solidarité qui doit normalement exister entre les hommes. Reste que la perfection chrétienne du saint lui permet, parfois de son vivant, d'être en présence de son créateur : privilège auquel un chrétien fervent mais ordinaire ne peut prétendre qu'après sa mort. Ceci explique qu'un grand nombre de saintes solitudes sont émaillées de révélations, de visions et d'extases : « A quoi bon avoir des ailes pour aller à Sa recherche ? Il n'y a qu'à se mettre dans la solitude », a écrit sainte Thérèse d'Avila.

Aussi les mystiques ont-ils fait entendre dans leur solitude des chants d'amour qui sont parmi les plus beaux jamais écrits. Leur caractère sublime provient de ce que le solitaire ne communique plus avec les humains, parce qu'il est occupé à communier avec Dieu. Dieu qu'il retrouve par-delà les mots et avec lequel il parvient à une relation parfaite (cf. *Christ, notre bonheur*, ouv. cit.). Ce sont des femmes parfois qui, « dans l'obscurité et en sécurité » pour reprendre l'expression de sainte Thérèse d'Avila, recherchent Dieu dans la plénitude d'une relation amoureuse. Leur amour pour le Très-Saint va jusqu'à une union spirituelle profonde. Ainsi Michel Hubaut rapporte à propos de sainte Claire d'Assise que le « Jeudi saint, anniversaire de la Cène par laquelle Jésus aima les siens jusqu'à la fin, vers le soir, à l'heure où l'agonie du maître allait commencer, Claire se retira dans la solitude de sa cellule. Elle s'unissait par la prière au Christ priant. Son âme triste à en mourir réglait ses sentiments sur la tristesse insondable du Christ. Puis, elle représenta la scène de l'arrestation et celle des outrages. Elle s'assit sur son lit. Toute la nuit et toute la journée du lendemain, elle demeura tellement absorbée qu'elle semblait étrangère à elle-même, ses yeux restaient fixés ouverts, sans dévier de leur unique vision. Crucifiée avec le Christ, elle était devenue insensible à toute autre chose ». Cet amour religieux est si intense qu'il conduit d'ailleurs ces grands mystiques à une appropriation physique des souffrances du corps du Christ. Il arriva ainsi à saint François d'Assise de voir dans ses mains et sur ses pieds les traces des clous telles qu'elles lui étaient apparues sur Jésus crucifié ! C'est que le corps de ces grands solitaires mortifiés par l'ascèse est devenu digne de recevoir en lui le corps du Christ...

La ferveur mystique connaît parfois quelques exacerbations. En Belgique, par exemple, des femmes qui n'ont pas prononcé de vœux religieux se cloîtrent jusqu'à la fin de leur vie dans des béguinages. Aux quatre coins de l'Europe, la foi paroxystique de certains chrétiens conduit à des exercices de mortification, à des pénitences spectaculaires. Des recluses s'enferment dans des cellules minuscules juste assez grandes pour une seule personne. La porte est murée définitivement sur elle. Ailleurs, des mystiques se livrent au supplice de la flagellation à l'occasion de processions publiques...

Autres religieux. — D'autres attitudes religieuses, inspirées par d'autres religions, sont elles aussi édifiées sur des schémas de solitude. Un rapide tour d'horizon nous permet ainsi de constater que pour le maître du Taoïsme, Lao Tseu, il importe de « vivre caché et de façon anonyme ». Il faut savoir aussi que la technique de méditation du vrai taoïste participe d'une grande intériorisation, d'une grande solitude. Une anecdote rapporte à ce sujet que Confucius trouva un jour Lao Tseu en pleine expérience mystique. Le célèbre philosophe chinois lui dit ceci : « A l'instant, Maître, votre corps ressemblait à un morceau de bois sec, vous paraissiez avoir quitté le monde et les hommes et vous êtes installé dans une solitude inaccessible. » La technique taoïste de l'extase est d'origine et de structure chamaniques. Le chaman se distingue par une vocation mystique particulière qui n'est pas sans rappeler celle des ermites chrétiens : il cherche la solitude, flâne dans les bois ou les lieux déserts, il a des visions. De solitude, il est également question chez les adeptes du brahmanisme et de l'hindouisme car l'ascète indien a aussi pour vocation de « se retirer du monde, se détacher des biens et des ambitions, s'isoler radicalement » (*Histoire des croyances et des idées religieuses*, Mircéa, Eliade, t. II). De la même façon, le bouddhisme, qui est une réformation du brahmanisme, inspirera d'autres attitudes solitaires. Bouddha, lui-même, était rompu aux techniques du yoga qui ouvrent vers l'ascétisme, et donc, accessoirement, vers la solitude. Rien de ce qui constituait l'infinie variété des expériences humaines ne lui était désormais inconnu ; des béatitudes et des déceptions de la culture, de l'amour, et de la puissance, jusqu'à la pauvreté d'un religieux itinérant, aux contemplations et aux transes du yogi, en passant par la solitude et les mortifications de l'ascète *(op. cit.)*. Très rapidement, les conversions au bouddhisme se sont multipliées. Cependant, lorsque Bouddha eut 72 ans, son cousin, Devadatta, soutenu par un groupe de moines, défendit l'idée d'une ascèse encore plus austère que celle que prêchait le fondateur du bouddhisme. Mais ce schisme, rapporte la tradition, fut de courte durée. De son vivant Bouddha eut deux autres rivaux qui furent également de grands ascètes : Mahavira qui fonda une communauté religieuse qui existe encore actuellement, et Gosala qui, comme tous les ascètes itinérants, mendiait sa nourriture en suivant des règles alimentaires très strictes. Avec le temps, le bouddhisme subira des évolutions plus ou moins heureuses. Comme il fut proclamé religion officielle, il permit à des moines de s'enrichir. Toutefois, la formation et le développement du lamaïsme, au Tibet, a permis aux religieux Tibétains de renouer avec les règles originelles du Bouddhisme, c'est-à-dire, notamment, une vie monacale stricte et un ascétisme rigoureux.

Plus tard, ce sera au tour de Mahomet — inspirateur de la religion islamique — de passer par de « longues périodes de retraite spirituelle dans des cavernes et autres lieux solitaires » (*Histoire des croyances et des idées religieuses*, Mircéa, Eliade, t. III). Toutefois, il existe à la base un principe coranique suivant lequel il ne faut encourager ni l'ascétisme ni le monachisme. Un principe auquel les théologies et les mystiques musulmanes ont apporté des aménagements. L'ismaélisme, notamment, a rompu avec l'idée que la vie religieuse devait être réglée par des normes juridiques et a défendu l'idée d'une religion personnelle. Autrement dit, cette doctrine induisait qu'on pouvait prier seul.

D'une façon plus évidente le soufisme a introduit la solitude dans l'Islam à travers, là encore, des attitudes ascétiques. Parmi les grands maîtres soufis, on retiendra le nom de Ibrâhîm ibn Adham qui a défini les trois phases de l'ascèse en ces termes : « Renoncer au monde, renoncer au bonheur de savoir qu'on a abandonné le monde, réaliser si totalement le manque d'importance du monde qu'on ne le regarde même plus »... (*Histoire des croyances et des idées religieuses*, t. II). D'autres, après lui, développeront le principe de l' « esseulement » selon des techniques d'ascèse particulièrement sévère. Mais c'est grâce au grand théologien Al-Ghazzâlî que la conciliation entre le soufisme et l'orthodoxie a pu se réaliser.

Enfin, quand on parle du judaïsme, c'est tout un peuple qui, à travers sa « diaspora », est pétri de solitude. « Dès le préambule, ce docteur juif signale combien il est solitaire, et combien il souffre de sa solitude », écrit André Neder dans son livre, *La philosophie juive médiévale*, à propos de Bahya ibn Paqûda. Celui-ci était l'auteur d'un ouvrage dans lequel il est fortement question « d'heures d'extase dans la prière silencieuse » et « d'exercices ascétiques »... bref, toutes choses qui renvoient à des pratiques religieuses solitaires. Des pratiques que l'on retrouve également dans la mystique juive puisqu'au nom d'une tradition ésotérique il est recommandé à ses initiés « jeûnes, chants rituels, répétition des noms, position spéciale (la tête entre les genoux) » (*Histoire des croyances et des idées religieuses*, t. III). Les maîtres hassides prôneront, eux aussi, l'ascèse, la prière...

On constate, en définitive, que la plupart des vies ou des pratiques religieuses se nourrissent souvent d'expériences de solitude. Celle-ci étant considérée comme l'un des meilleurs moyens d'accéder à la connaissance et à l'amour de Dieu, quel que soit son nom. La foi chrétienne s'est développée un peu partout dans l'Europe qui, à un moment de son histoire, découvrit le capitalisme et les nouvelles valeurs de l'ordre économique qui ôteront peu à peu leur influence aux ordres religieux. Mais dans cette nouvelle organisation de la société, il demeure des hommes qui évoquent, par certains aspects, la sagesse et la religion des temps passés. Paradoxale, invisible, souvent insoupçonnable, toujours profonde, la solitude de l'homme politique est la face cachée du pouvoir.

3. **Solitude civique.** — On se souvient que Socrate, figure emblématique de la sagesse, se déclarait très « attaché à la ville ». De la même façon, on constate chez l'homme politique cet attachement qui, pour élémentaire qu'il paraisse, n'en est pas moins fréquemment élevé à la hauteur d'une fougueuse relation. C'est un attachement élémentaire, car le politique, quel qu'il soit, du moins en France, ne peut pas faire moins que de s'intéresser et de se lier à la commune qui l'a élu. Quels que soient les mandats dont il est pourvu par ailleurs (conseiller général, conseiller régional, député ou sénateur et même ministre) il considère en général que c'est celui de maire, c'est-à-dire de responsable de la première des collectivités de notre organisation ad-

ministrative territoriale, qui est le plus passionnant. La commune est donc l'unité de base du politique au-dessus de laquelle gravitent parfois des « satellites-relais » (communautés de communes, circonscription, portefeuilles) qui lui servent à augmenter la puissance de son rôle. Enfin, l'attachement à la ville est élémentaire, parce qu'il nous faut toujours garder à l'esprit l'étymologie du mot politique : *politikos* signifie en grec « de la cité »...

Mais l'attachement de l'homme politique à sa ville participe fréquemment d'une certaine sentimentalité qui n'exclut ni une certaine foi ni la sagesse. La relation entre l'homme et la cité est souvent profonde, relativement durable, et assez tumultueuse. Au niveau le plus humble, et sans doute le plus intéressant de la politique d'une nation, l'homme s'éprend de la cité qu'il administre. Dans une relation affective, franche et directe, celle-ci lui livre ses secrets, ses tourments, ses espoirs. Le politique écoute, discute et s'efforce d'apporter des réponses. Soucieux de la santé de sa commune, il entend régulièrement battre ses pulsations et observe sa croissance avec une attention constante et tutélaire. Il connaît ses habitants, ses rues, ses commerces, ses entreprises, ses parcs, ses ponts, ses rivières, son âme... Bref, il la connaît par cœur. Et dans ce cœur fourmillent des sentiments, à commencer par ceux que le politique nourrit pour sa ville, de manière diffuse.

Comme le sage antique, le politique est donc « attaché à la ville ». Comme lui, encore, il est investi par la communauté d'un pouvoir de parole. Il l'exerce comme instrument de régulation sociale, et le partage dans un contexte de démocratie directe. Quand il parle, on l'écoute, on le hue, on l'applaudit, on le siffle, ou on l'approuve : en tout état de cause, il ne laisse jamais indifférent. La parole publique du politique est, comme celle du sage, avant tout sociale. Elle ne devient politique que lorsqu'elle est articulée comme un outil d'élection. La plupart du temps, elle exprime, draine, focalise, véhicule les aspirations de celles et de ceux à qui elle s'adresse, c'est-à-dire à la multitude au sein de laquelle l'homme politique se singularise, à l'image du sage qu'il voudrait être, mais dont il se contente de disputer parfois la raison. On peut aussi observer qu'il y a dans cette vocation du politique à s'adresser à la multitude, dans la passion avec laquelle il parle et il s'efforce de convaincre de ce dont il est lui-même convaincu, dans son attachement à la communauté qu'il représente, il y a dans cette ferveur une sorte de piété religieuse. D'ailleurs, certains entrent en politique comme d'autres dans les ordres. Mais dans la religion de l'homme politique français, le peuple, où plutôt son incarnation vivante, l'humain, a remplacé Dieu. C'est souvent avec autant d'ardeur, de zèle et d'effusion que s'il fût un mystique qu'il consacre son temps, et souvent sa vie, à ses « concitoyens » (vocable politique qui, dans sa signification profonde, n'est pas très éloigné de « prochains », vocable chrétien). A partir d'un certain niveau politique, celui ou celle qui a fait sa « religion » de servir et d'administrer les intérêts du plus grand nombre est tout offert(e) à sa cause, comme d'autres religieux sont tout offerts à Dieu.

Il y a chez cette personne éminemment publique, qui sacrifie sa vie familiale en même temps que son anonymat, une part d'abnégation à propos de laquelle ni l'accession au pouvoir, ni son ambition d'y parvenir, ne doivent faire illusion : sous quelques lambris que ce soient, en démocratie, le pouvoir n'existe que pour autant que son titulaire fait la démonstration qu'il est bien à sa place. Et, quand bien même il y est, on l'en déloge parfois. Il y a donc entre les politiques et les religieux certaines analogies d'autant plus tonitruantes que le personnage suprême de la hiérarchie politique française est, depuis quelques années, tout bonnement appelé « Dieu » par certains médias.

Début des années 90 est paru un livre intitulé *Dieu et les siens* qui, s'il est loin de constituer un ouvrage majeur dans la bibliographie consacrée à Mitterrand, fait du moins significativement écho à ce langage hyperbolique et socio-politico-culturel. Certes l'ironie fait pousser sa corne sous la chair de ce sublime sobriquet. Quand bien même : l'emprunt historico-religieux est là, qui donne de la pourpre cardinalice à certains et de la religiosité à tous.

Ainsi pourrait-on dire que *la ferveur du politique à s'occuper des autres confine, par certains aspects, à la piété religieuse, de la même façon que son attachement à la ville et son pouvoir de parole le rapprochent historiquement et socialement de la figure antique du sage.* C'est donc fort logiquement que ce double parallèle conduit l'homme politique sur le chemin de la solitude, pareil à celui suivi par les sages et par certains religieux. Car enfin, si nous examinons à nouveau la parole du politique, qu'observons-nous ? Nous remarquons que bien qu'elle soit écoutée plus qu'entendue, sociale plus que politique, régulatrice plus que stratégique, la parole de l'homme politique est parfois étranglée dans sa gorge. Et c'est dans la solitude qu'il doit apprendre à rééclaircir sa voix (et sa voie !).

Comment d'ailleurs en écrivant ces lignes, pourrais-je ne pas penser à Charles de Gaulle? Il demeure dans l'esprit de millions de Français, cette illustre et cette historique incarnation du solitaire politique. Jean Lacouture, dans l'excellente biographie qu'il a consacré à de Gaulle, n'a-t-il pas parlé à son sujet « d'ermite de Marly »? (*De Gaulle. Le politique*, t. 2). Certes, reprenant le mot de Forain à propos de Degas, le biographe précise qu'il s'agit d'un « ermite qui connaît l'heure de tous les trains ». N'empêche, en cette année 1946 et pour plusieurs années, de Gaulle est entré dans cette période de l'histoire politique de la France « qui n'est plus de la solitude des autres sans lui, mais de sa propre solitude sans les autres » *(op. cit.)*. Plus tard, pour désigner la période où le général donne son congé au RPF, en décembre 1955, et son retour sur la scène publique, en mai 1958, on parlera de « traversée du désert ». C'est d'ailleurs en pensant à Moïse, qui a erré pendant quarante ans à travers le Sinaï avant de guider son peuple vers la terre de Canaan, qu'Edmond Michelet avait utilisé cette expression devenue célèbre et depuis généralisée à bien d'autres cas de solitudes politiques. Enfin, ce fut une solitude crue et définitive, sans référent, ni parabole, dans laquelle sombra Charles de Gaulle après le référendum d'avril 1969. Jusqu'à sa mort, le 9 novembre 1970, il sera « le solitaire de la Boisserie ». Déjà, en 1946, après avoir quitté Marly, il s'était senti « soudain enfoui et isolé » à Colombay-Les-Deux-Eglises que Claude Mauriac avait assimilé à « une pauvre et solitaire campagne ».

Imaginons ce que peut être cette solitude retrouvée quelques vingt-trois années plus tard dans le « naufrage » d'un âge qui vient d'être politiquement torpillé... Comme l'a écrit Pierre-Louis Blanc qui accompagna le général de Gaulle dans la solitude de ses derniers jours, « de Gaulle avait à deux reprises sauvé son pays du désastre, il avait joué l'un des tout premiers rôles pendant trois décennies sur la scène diplomatique, infléchissant à plusieurs reprises le cours des événements mondiaux. Quelle cruelle épreuve ce devait être de se trouver exilé, par sa propre décision il est vrai, mais aussi par l'implacable logique d'une situation d'exception, dans un petit village de la Haute-Marne, alors qu'il approchait de sa soixante-dix-neuvième année ! » (*De Gaulle au soir de sa vie*, Fayard).

Le point d'exclamation qui ponctue cette dernière phase était à peine utile : on devine la douloureuse solitude de celui qui était toujours resté dans l'âme un homme d'action.

Toutefois les solitudes politiques ne sont pas toujours aussi spectaculaires, ou tout du moins aussi facilement décelables que celles vécues par des de Gaulle, des Mandela, ou des Sakharov. La solitude du politique suit le plus souvent un cours souterrain. Elle est ignorée du grand public et des médias. Ainsi Pierre Méhaignerie se souvient d'une des journées du temps où il était ministre de l'Agriculture. C'était en mars 1980. Il avait dû faire face, ce jour-là, pendant trois heures, à 3000 manifestants. Il était seul : ni gendarme, ni préfet! A peine rentré à Paris, il doit repartir de toute urgence à Bruxelles afin de discuter de l'Europe des cantons avec ses homologues des pays membres. La rencontre prochaine des chefs d'Etat de la communauté était suspendue aux résultats de cette discussion. « Je me suis retrouvé seul, sans aucun soutien. C'est dans ces moments que tout le monde vous quitte et c'est normal » (« Vaincre la solitude », journal *Notre Temps,* numéro spécial, mars 1990)... Solitude ordinaire du décideur politique, que l'on retrouve naturellement déclinée dans beaucoup de conseils généraux et de mairies. Solitude paradoxale de celle ou de celui qui a fait son métier de s'occuper des intérêts des autres. *Solitude civique annoncée par l'isoloir.* Solitude errante du congressiste. Solitude sédentaire qui s'enroule autour du fauteuil du politique à l'heure des décisions importantes et personnelles...

« La politique fait des solitaires comme la religion fait des anachorètes », disait Chateaubriand. L'écrivain, qui a été également diplomate et ministre, avait le mot juste. Mais sans doute que le bouillant romantique avait quelque prédisposition à repérer les différentes postures de la solitude qu'elles se manifestassent dans la vie politique ou dans l'art.

4. **La solitude des artistes.** — Depuis l'Antiquité, poètes et artistes aiment s'isoler et retrouver la nature. On se souvient qu'Horace recommandait de vivre caché pour vivre heureux. Plus tard, les poètes du XVIe siècle, tels que Ronsard et du Bellay, ont chanté les charmes de la vie retirée. La Fontaine cherchait les lieux les plus secrets pour s'y laisser aller à une paresseuse rêverie tandis que Rousseau a précisément composé sur le thème des « rêveries du promeneur solitaire ».

Artistes d'hier. — Reste que les romantiques, au cours du XIXe siècle, ont établi un lien particulier, et même singulier, avec la nature. Loin de servir à les dissimuler, elle leur permettait de se révéler à eux-mêmes. Elle devient pour eux le miroir de leur âme tourmentée et tout occupée d'elle-même. En ce siècle d'exaltation et du culte du moi, l'homme retrouve une place centrale dans la nature. Attitude personnelle dans une société rationnelle. Réponse aussi à la raison du XVIIIe siècle et aux diverses sciences naturelles qui ont délogé l'homme du centre de l'univers.

Mais l'homme qui fuit ses semblables et la raison humaine ne se retrouve pas dans la nature créée par Dieu. Certes, la nature parle à l'âme, mais elle ne l'entretient plus de Dieu. Elle flatte l'imagination et elle permet de mesurer la réalité à l'aune de la subjectivité d'un seul. La nature n'est plus le temple de la création divine. Elle ressemble aux dépendances de l'âme humaine, seul palais où l'individu entend désormais loger le principe de son essence et de son existence.

Mais avant que Chateaubriand, le chef de file des romantiques, ne chante avec sa lyre dans une nature théâtralisée la désespérance de son cœur solitaire, Rousseau était déjà passé par là. D'une façon manifeste même, le père de *René* a marché sur les pas du *Promeneur solitaire*. Rousseau avait dit : « Me voici donc seul sur la Terre, n'ayant plus de frère, de prochain, d'ami, de société que moi-même », plusieurs années plus tard René dira : « Sans parents, sans ami, pour ainsi dire seul sur la Terre. » *Mais cependant que le philosophe cultivait le sentiment d'être rejeté par les autres, l'artiste romantique, lui, exclut les autres.* Miné par l'insatisfaction que fait naître en lui une vie dénuée d'absolu, le romantique se poste au sommet d'une irréalité supérieure et abandonne avec dédain le monde réel. C'est à cette altitude, et donc dans la solitude, qu'il se consacre à son art. L'extérieur renvoie à l'individu l'écho agrandi de sa solitude intérieure :

> « Que me font ces vallons, ces palais, ces chaumières,
> Vains objets dont pour moi le charme est envolé ?
> Fleuves, rochers, forêts, solitudes si chères,
> Un seul être vous manque et tout est dépeuplé ! »

écrit ainsi Lamartine dans l'un de ses poèmes, resté fameux, intitulé d'une manière significative *L'isolement*. L'artiste cesse de peindre le monde extérieur, et s'attache à exprimer son monde intérieur. Une tâche parfois difficile : « Mais comment exprimer cette foule de sensations fugitives que j'éprouvais dans mes promenades. Les sons que rendent les passions dans le vide d'un cœur solitaire ressemblent au murmure que les vents et les eaux font entendre dans le silence d'un désert »..., s'exclame Chateaubriand.

Les sentiments, les émotions, les sensations composent la seule réalité qu'il importe d'exprimer. Pas très communicable, car elle ne se laisse pas facilement partager. Du coup, l'homme se trouve confronté au problème de l'incommunicabilité. *La solitude romantique est essentielle. Elle constitue l'œuvre elle-même. Elle de-*

vient le thème privilégié de l'artiste du XIXe siècle. Comme l'a écrit Jean Rondant : « La solitude sacralise romantiquement l'écrivain qui, la subissant, décide de l'assumer : elle fait de lui l'analogue de Lazare. »

Mais l'art n'a pas toujours été accouplé à la solitude. Au Moyen Age, par exemple, les bâtisseurs de cathédrales étaient des artisans qui, en taillant la pierre ou en sculptant le bois, composaient un hymne de tous les hommes à Dieu. Autrement dit, les poèmes en pierre que sont demeurées nos cathédrales étaient réalisés collectivement pour exprimer l'âme commune d'un peuple. A la Renaissance, certains artistes se retiraient dans la solitude. Léonard de Vinci, par exemple, aimait se confiner entre les murs du château de Clos-Lucé que François Ier lui avait offert.

D'une façon générale, l'artiste était investi d'une puissance sociale. La royauté ou la papauté le traitait d'égal à égal. Pour la petite histoire, on a rapporté à ce propos que Charles Quint, lui-même, n'avait pas hésité à plier son impériale échine pour ramasser un pinceau que Le Titien avait devant lui négligemment laissé tomber. C'est bien plus tard, après qu'ils n'eurent plus aucun roi ni aucun prélat protecteurs que les artistes ont commencé à se sentir seuls; comme détachés de la multitude. *La rencontre déterminante entre l'art et la solitude date donc du romantisme qui apparaît en France au tout début du XIXe siècle.*

Enfant de la démocratie, la solitude romantique a jeté les fondements des solitudes contemporaines qui menacent aujourd'hui tout individu sensible. En ce début de XIXe siècle, les artistes se lancent dans une apologie de la passion, de l'émotion, des sentiments qu'ils rattachent à leur absolu. L'artiste romantique vivra parfois dans une « pieuse gueuserie », à l'instar des moines mendiants d'autrefois. Il connaîtra « la vie de bohème »... Qu'il soit riche ou pauvre importe peu, qu'il se replie en lui-même dans un « splendide isolement », ou qu'il s'élève au-dessus des choses de ce monde, l'artiste romantique reste fondamentalement seul; parfois aristocratiquement seul. Ainsi, tandis que Charles Baudelaire écrit : *« Le poète est semblable au prince des nuées / Qui hante la tempête et se rit de l'archer / Exilé sur le sol au milieu des huées »*, Gérard de Nerval lui fait écho en déclarant : *« Je suis le ténébreux, le veuf, l'inconsolé / Le prince d'Aquitaine à la tour abolie... »*

On devine que rien ne peut atteindre le poète réfugié en son propre monde. La persécution dont l'artiste fait parfois l'objet est pour lui un signe d'élection.

Baudelaire lance : « Je suis un autre. Un autre que vous tous qui me faites souffrir. Vous me persécutez dans ma chair, non dans mon altérité. » Le poète autrichien Rilke écrira, pour sa part : « Les gens n'ont jamais vu un solitaire. Ils ne l'ont haï que sans le connaître. » Une haine vis-à-vis de laquelle les artistes vont se cuirasser.

Ils se drapent dans une solitude orgueilleuse et quelque peu voyante pour exciter davantage encore la haine des autres. Dans leur panoplie, ils arborent le mépris et les signes du scandale. Baudelaire se teint les cheveux, Sarah Bernardt les porte bleus, Barbey d'Aurevilly se présente au monde toujours vêtu de rouge, les Jeunes-France, c'est-à-dire les romantiques de 1830, s'habillent de costumes médiévaux.

Leur attitude est tout aussi marquée au fer rouge du scandale. Verlaine qui entretient une relation coupable avec Rimbaud, au vu de la morale de l'époque, le revolvérise. Van Gogh s'automutile après avoir menacé Gauguin. Hugo, pair de France depuis peu, est pris en flagrant délit d'adultère. Lemaître, monstre sacré du théâtre romantique, défraye la chronique avec ses frasques sentimentales et ses soûleries... Mais, sous leur cuirasse, transpire une solitude profonde et intérieure qui s'exprimera d'ailleurs dans quelques œuvres. Chateaubriand écrit la *Vie de Rancé*, réformateur de la Trappe. Alfred de Musset parle de lui-même en ces termes : *« J'ai perdu ma force et ma vie. Et mes amis et ma gaieté, j'ai perdu jusqu'à la fierté / Qui faisait croire à mon génie (...). Le seul bien qui me reste au monde / Est d'avoir quelquefois pleuré. »*

En ce XIXe siècle de romantisme, la solitude est presque consubstantielle à la condition d'artiste. Elle emprisonne son âme, elle pèse sur lui moins comme une menace que comme une malédiction. Du coup, l'artiste devient « maudit » : le cas, notamment, de Van Gogh, Nerval, et dans une certaine mesure, de Berlioz...

Poursuivi par le Diable ou par les huissiers, objet de persécutions réelles ou fantasmagoriques, peu importe : le romantique ne manque jamais de raison de souffrir. Au besoin, il s'en invente. Comme il aime aimer et se regarder aimer, le romantique aime se regarder souffrir à travers le prisme de son art. Cet art qui exprimera et qui consacrera sa solitude. « Les romantiques n'ont parlé si magnifiquement de la solitude que parce qu'elle était leur douleur réelle », dira Albert Camus.

Si l'ascète religieux se torturait pour son Dieu, le romantique se torture pour son art : « Je ne sais pas comment quelquefois les bras ne me tombent pas de fatigue et ma tête ne s'en va pas en bouillie. Je mène une vie âpre, déserte de toute joie extérieure, et où, je n'ai rien pour me soutenir qu'une espèce de rage permanente qui pleure quelquefois d'impuissance, mais qui est continuelle. J'aime mon travail d'un amour frénétique et perverti comme un ascète (...) », confiait Flaubert à l'un de ses amis, dans une lettre, un soir d'août 1852. *Cette « religion » de l'artiste place l'homme et sa solitude au commencement et à la fin de l'œuvre*. Tandis que la prière et la méditation solitaires du religieux permettent d'approcher Dieu, la création s'élabore solitairement et ne vise qu'à façonner la solitude intérieure de l'artiste.

Avec le romantisme, l'art est devenu une religion à la faveur de laquelle l'homme s'élève à des cimes olympiennes. Avec le temps, et rétrospectivement, l'artiste romantique apparaît comme un génie méconnu par ses contemporains qui devient célèbre grâce à la postérité. « Les récompenses du romantisme sont dans cette qualité visionnaire de l'être touché à la fois par le drame et un idéal salutaire. C'est sa grandeur et son honneur d'être ainsi à la crête de la vague (...). C'est son privilège et sa mission d'être déjà le prophète de l'autre monde, celui qu'il nous appartiendra d'aimer demain. » (*Le romantisme absolu*, Gonzague Saint-Bris, Stock). Et, comme il est question de génie, il est souvent question de folie; du moins dans la conscience collective des peuples parfois abusés par des schémas trop courts. André Suarès, à ce propos, a diagnostiqué que : « La folie est le rêve d'un seul. » Le rêve d'un seul... Oui, la folie est sans doute plus proche de la solitude qu'elle ne l'est du génie! Alors que la solitude religieuse laisse entendre la voix de Dieu, la solitude artistique, elle, est souvent engloutie dans le silence d'une œuvre qui n'a aucun écho :

Qui vient? Qui m'appelle? — Personne
Je suis seul, c'est l'heure qui sonne;
O solitude! ô pauvreté!

se lamentait Musset.

Evoquant l'âme romantique des poètes, romanciers, peintres, musiciens, et acteurs de son époque, Chateaubriand dira : « Mais de nos jours, quand les monastères ou la vertu qui y conduit ont manqué à ces âmes ardentes, elles se sont trouvées étrangères au milieu des hommes. Dégoûtées par leur siècle, effrayées par leur religion, elles sont restées dans le monde sans se livrer au monde : (...) alors on a vu naître cette coupable mélancolie qui s'engendre au milieu des passions, lorsque ces passions, sans objet, se consument d'elles-mêmes dans un cœur solitaire. »

Artistes d'aujourd'hui. — Depuis, le temps est passé. Un siècle nouveau est apparu. L'oriflamme du romantisme n'est plus aussi flamboyante. *Mais le monde artistique continue de pétrir des solitudes dans le silence de la création et, parfois, en dehors d'elle.* L'antienne restée fameuse de Greta Garbo : « *I want to be alone* » (Je veux être seule) a ponctué durant quarante-neuf années l'histoire d'un cinéma qui, via les *paparazzi*, se refusait d'admettre son simili veuvage. Comme Garbo, Georgia Demeter — l'héroïne du roman de Marina Vlady *Le collectionneur de Venise* — ne parvient pas à se réconcilier avec le monde du cinéma. Bien qu'il s'agisse ici d'un personnage fictif, on devine les emprunts qui sont faits à la réalité : « Il lui faut utiliser les ressources et l'expérience de son âge véritable tout en paraissant l'égale de l'image à laquelle on l'identifie désormais; celle d'une femme conquérante, éternellement juvénile. A quarante ans passé, l'écartèlement entre ces deux réalités a tendance à devenir dramatique. » Nos artistes de variétés, de théâtre et de cinéma ne se reconnaissent-ils pas, pour certains du moins, dans cette peinture? N'y a-t-il pas la traduction d'une solitude extrême dans le suicide de Jacqueline Huet, Mike Brant, Dalida, Romy Shneider?...

Lors d'une interview (Canal +, « Mon Zénith à moi », juin 1990), Richard Berry — figure représentative du jeune cinéma français — n'a pas craint de parler de « la solitude » et des états de « désespoir » que connaissent « beaucoup de comédiens » qui sont, par nécessité, dans l'attente d'une proposition d'un film ou d'une pièce de théâtre. Autrement dit, loin du spectacle qui lui permet de vivre et qui est sa raison de vivre, l'artiste souffre solitairement de ne point pouvoir exprimer cette raison qui est aussi sa passion.

Solitude de l'artiste hors la création, ou la représentation, mais aussi solitude de l'artiste dans la création. Chaque fois, en effet, qu'il commence une œuvre, l'artiste est seul devant la page ou la toile blanche ; seul devant le fragment de pierre non dégrossie. L'artiste est libre des idées, des couleurs, ou des formes à créer, qu'il va puiser en lui-même. Personne, avant de découvrir Picasso ou Modigliani, n'avait vu des femmes telles que celles qu'ont peintes, en les déformant, ces deux artistes. Aujourd'hui, des millions de personnes admirent ce dont l'artiste s'était avisé dans la solitude de sa création. *L'artiste est à l'image de tous les autres hommes qui n'existent individuellement que parce qu'ils sont différents les uns des autres. Leur différence d'avec les individus réside néanmoins dans ce que leur solitude est souvent radicale et qu'elle s'accompagne du besoin de s'exprimer.*

« Il est bien vrai que les plus grands sont des solitaires. D'où vient Shakespeare ? D'où vient Wagner ? D'où vient Proust ? Et quelles sont leurs écoles ? Et Giraudoux et Giono ? Inclassables... Et Dufy ? Et Bonnard ? », s'écrie Pierre Debray-Ritzen (*Psychologie de la création*, Albin Michel). Et si l'artiste parvient à des expressions, c'est parce qu'il est capable d'une élévation d'esprit qui elle-même lui permet de sublimer son existence personnelle et parfois même celle des autres. *On comprend, dès lors, qu'il soit possible à l'artiste de transcender sa solitude dans un rapport à l'art et que cet art se présente parfois à nous comme un miroir qui nous renvoie à notre condition de solitaires.* Par un mécanisme très simple d'identification, nous saisissons notre propre solitude à travers celles qui nous sont artistiquement présentées.

Ainsi, notamment, au siècle dernier, une kyrielle d'âmes délicates se sont reconnues dans le mythe littéraire de « René », créé de toutes pièces par Chateaubriand. Ainsi *L'hymne à l'amour*, chanson écrite et interprétée par Edith Piaf, après qu'elle eut perdu dans un accident d'avion son célèbre amant Marcel Cerdan, et qui fut, en quelque sorte, un hymne pour toutes celles qui, peu d'années auparavant, avaient également perdu l'objet de leur amour dans la tragédie d'une guerre. Ainsi, *L'homme foudroyé*, sculpture de Ossip Zadkine qui exprime la solitude, la terreur et l'effroi que des millions de gens ont connus sous l'épreuve des bombardements au cours de la seconde guerre mondiale. Ainsi cette chanson de Jacques Brel, intitulée *Seul*, qui nous tend le miroir de notre commune condition. Ainsi, d'une façon plus générale, les œuvres de ces nouveaux poètes maudits, suicidés et inconnus pour la plupart, dont la qualité artistique est, comme le dit, André-Pieyre de Mandriagues : « Le fruit de la souffrance dans la solitude, voire de la torture vraie par soi-même infligée ou par autrui, ou par la fatalité du monde extérieur » (*Les nouveaux poètes maudits*, Alain Breton, Le Cherche Midi éditeur). Ce même monde que nous habitons mais que, contrairement à eux, nous n'avons pas encore quitté. A propos de l'un de ces poètes, mort en 1976, il sera affirmé : « Que lorsqu'André a enjambé le balcon, il n'était sous l'effet ni d'alcool ni de drogue, donc lucide. Il était non violent, sublimait tout et de ce fait, ne pouvait accepter la vie en société » *(op. cit.)*. Il s'appelait André Brun, il est mort à vingt-cinq ans. « Poètes maudits » parce que, comme leurs frères aînés du XIXe siècle, ils « sont restés ces personnages exemplaires dont la démarche fascine notre goût pour un romantisme fameux et quelque singulière marginalité », explique Alain Breton.

« Feux éteints
cros serrés
chacun sa part
de faim
de haine
à quel écho
user sa voix
dans ce désert. »

a écrit l'un d'entre eux, Francis Giauque, mort à trente et un ans. Le recueil dans lequel a été publié ce poème s'intitule « Parler seul ». Combien de personnes seraient en mesure de se réapproprier ce titre ? Des milliers ?... Des millions sans doute. C'est pourquoi, en définitive, on peut dire que les créations artistiques rayonnent, bien souvent, au-delà des cœurs de leurs auteurs pour toucher tous ceux qui voient en elles une source d'identification irradiante et authentique.

III. — Les aspects contemporains de la solitude

1. **Solitudes : quelles significations ?** — On sait donc que les solitudes ont de tout temps existé et qu'elles font même partie du fonds historique et culturel de l'humanité. Cependant, les solitudes d'hier ne ressemblent pas à celles d'aujourd'hui. En de nombreux points, elles sont radicalement différentes. Qu'y a-t-il, en effet, de commun entre la condition d'un ermite chrétien du xe siècle retiré dans le désert et celle d'une femme divorcée vivant seule, en cette décennie 90, dans une cité de Montfermeil ? Comme le considèrent Charles Debbasch et Jean-Marie Pontier (in *La société française*, Dalloz) : « Le phénomène de l'érémitisme,

s'il a connu à certaines époques une grande vogue, est toujours demeuré le fait d'une minorité (...). Aujourd'hui le choix de la solitude n'est plus une conséquence de choix philosophiques ou religieux, ou de traits de caractère, c'est une conséquence d'un mode de vie. C'est un effet de l'individualisme qui s'épanouit dans notre société. » Bien que nous ne soyions plus dans un type de société féodale fortement marquée par les religions, la différence entre les solitudes d'hier et celles d'aujourd'hui se mesure moins à l'aune d'une évolution historique qu'à la lumière des révolutions culturelles qui l'ont accompagnée : plus que le bouleversement des institutions, c'est la transformation des valeurs qui ont modifié nos solitudes. *De fait, celles-ci n'ont plus le même sens, ou plutôt nos solitudes contemporaines n'ont plus de sens du tout alors que les solitudes de jadis, quelles qu'elles fussent, en avaient (toujours) un.*

Ainsi, la solitude du sage était attachée à sa personnalité et à sa vie. Sa condition d'élite l'invitait à se détacher d'un monde vulgaire qui, selon lui, donnait à l'homme des dimensions étriquées. La singularité de sa condition et la vision du monde que son esprit lui inspirait étaient de nature à lui permettre de rester seul en plein cœur de l'humanité. Homme unique en quelque sorte égaré dans la foule de ses semblables, le sage s'élevait volontairement au-dessus de la condition humaine afin d'en mieux pénétrer les raisons et les mystères.

Pour des motivations différentes mais tout aussi profondes, la solitude des religieux était également chargée d'un sens. Qu'il s'agisse des ermites, des moines ou des saints, la solitude qu'ils rencontraient à la faveur d'expériences d'ascétisme procédait d'un très grand mysticisme. Bien que le caractère individuel des attitudes de ces fervents croyants soit d'une profonde authenticité, celles-ci ne se sont manifestées — et continuent de se manifester en ce qui concerne les moines — que pour autant que Dieu constitue leur raison d'être. Autrement dit, Dieu était là pour légitimer et donner un sens à leur mode de vie, si pénible ou si radical qu'il fût. La solitude des ermites, des moines et des saints a toujours été édulcorée par leur amour mystique et passionné.

De la même façon, l'artiste du XIXe siècle parvenait à transcender sa condition de solitaire en faisant de sa solitude à la fois un sujet d'art et un art de vivre.

Au lieu de quoi, l'homme d'aujourd'hui, centré sur son *ego* et sur sa condition personnelle, plonge son regard sur lui-même. Au-dessus de lui, n'existe aucun absolu auquel il pourrait rattacher sa condition de solitaire. N'apparaît à ses yeux, comme une ligne d'horizon, que le bonheur individuel de chacun. Cependant, l'impossibilité de l'atteindre ; la conscience douloureuse d'être moins heureux qu'on pourrait l'être nourrissent un mal de vivre profond.

Existentiel et social, ce mal de vivre se diffuse dans toutes les couches de la société où il ensemence toutes sortes de solitudes. Des solitudes qui sont, pour la plupart, discrètes et silencieuses mais qui parfois deviennent voyantes et hurleuses (cf. *infra*, *Les comportements des solitaires*). Aujourd'hui, contrairement à hier, le solitaire éprouve plus sa solitude qu'il ne l'exprime. D'où le silence et la souffrance de tous ceux qui connaissent la solitude mais qui ne peuvent la dire.

Comme à la plus glorieuse époque du romantisme, l'évasion, l'émotion, le rêve, les principes de liberté et de subjectivité font partie du credo des hommes et des femmes qui postulent au bonheur. Cependant, leur solitude ne se traduit pas par une œuvre d'art. *Au mieux (quand elle est choisie), leur solitude correspond à un art de vivre ; ce qui fait d'eux des nouveaux romantiques.*

Au pire, leur solitude ne correspond à rien, et c'est alors qu'elle souffre d'un déficit de sens. La plupart des solitudes contemporaines connaissent un vide intellectuel ou spirituel. Ni voulues, ni préparées, elles sont redoutables parce qu'elles sont redoutées.

Autrefois prisée par quelques volontaires, la solitude est aujourd'hui le lot commun d'un très grand nombre qui, au demeurant, ne la réclame pas. En même temps qu'elle s'est répandue dans toutes les couches de notre société, elle a perdu son sens : autrement dit, souvent on ignore l'usage précis et positif qu'on pourrait donner à sa solitude.

En cessant d'être l'apanage d'une élite, d'une minorité; en cessant d'être l'une des caractéristiques des héros de la pensée, de la foi ou de l'art; et en devenant le lot de tout un chacun, la solitude s'est en quelque sorte démocratisée. Et ce faisant, elle s'est vidée de son sens. *Or, cette question du sens des solitudes actuelles est capitale car elle renvoie au sens de la vie du solitaire elle-même. Car suivant qu'il existe ou non une justification à la solitude ou plutôt suivant que cette signification est appréhendée ou pas par le solitaire, cet état est vécu avec plus ou moins de bonheur.* Le sens de la solitude et de la vie d'une septuagénaire veuve est, par exemple, radicalement différent de celui d'un sportif de haut niveau qui décide de réaliser des exploits en solo sur les océans ou bien en haute montagne. De la même façon, la solitude et la vie d'un homme politique n'a pas le même sens que celui d'un homme qui fait les 3×8.

Reste que pour encore beaucoup trop de personnes la solitude qui fait corps avec la vie est insupportable, et que, comme l'écrivent les auteurs de *La société en France* (Ch. Debbasch, J.-M. Pontier) : « Il est facile de faire valoir les mérites et les bienfaits de la solitude lorsqu'on peut s'isoler quelque temps d'une vie bien remplie, il est beaucoup plus difficile de l'accepter lorsque la solitude colle à la peau comme une tunique de Nessus. »

1. **Solitudes et solitarité.** — Pour bien comprendre la société d'aujourd'hui, il nous faut observer celle d'hier. La différence est nette et surtout exprimée à travers les valeurs et les institutions qui fondent les sociétés en rassemblant les hommes. Il ne fait aucun doute, en effet, qu'au cours des siècles précédents l'Eglise, et à travers elle la religion, représentait la clef de voûte de l'édifice communautaire. L'homme, qu'il fût noble, membre du clergé ou du tiers Etat, n'était jamais seul. Dans la France paysanne et religieuse d'hier, les groupes communautaires sous-tendaient entre leurs membres des relations humaines parfois frustes, souvent fortes et toujours très étroites. En leur sein, existaient des mécanismes naturels de solidarité. Sauf à considérer les figures religieuses ou spirituelles de solitude, aucun homme ne pouvait se sentir intellectuellement isolé.

En proposant des schémas d'adhésion à un nouveau type de société, les idéologies, qui apparaîtront plus tard, ne laisseront guère la faculté à l'homme de se croire seul au cœur de l'humanité. De ce point de vue, l'idéologie marxiste est particulièrement significative. Il n'est que de lire la dernière phrase du *Manifeste du Parti communiste* (« Prolétaires de tous les pays, unissez-vous ! ») pour saisir l'aspect collectif du modèle d'organisation de société proposé par Karl Marx.

Or, force est de constater, aujourd'hui, la disparition de la puissance de la foi religieuse et celle des doctrines de pensées qui parvenaient à rassembler les hommes autour d'une idéalité collective. En lieu et place, est apparue triomphalement la notion de bonheur individuel avec des combinaisons nouvelles : on a troqué l'individualisme contre les mouvements de masse, la raison contre la foi, l'indifférence contre l'entraide, et la contractualisation contre la communauté. *Sous le coup de cette évolution, quelque peu déconcertante, l'individu a perdu ses points de repère.* D'où la disparition du sentiment d'appartenance à la communauté et l'émergence de la *« solitarité » : c'est-à-dire ce nouveau type d'organisation de notre société au sein de laquelle l'individu a tendance à se sentir isolé parce qu'il n'y voit aucune adhésion ni aucune cohésion.*

De fait, la montée en puissance de l'individualisme a pour principale conséquence l'émiettement du tissu social. On adhère de moins en moins à une religion, à un parti politique, à un syndicat, à une idéologie. L'intérêt, ou plutôt le sens de telle ou telle adhésion ne nous paraît pas très visible. De la même façon, on ne voit plus la cohésion d'une société qui a pour mot d'ordre le bonheur individuel de chacun. Une société atomisée au sein de laquelle chaque personne a le sentiment d'être une île au milieu d'un archipel... Dans cette configuration, il appartient à l'individu, et à lui seul, de s'intégrer ou non à la collectivité. De sa décision, dépend son sentiment de solitude et sa « solitarité ».

Mais comme il n'est plus possible de communier dans un idéal collectif, l'individu qui aujourd'hui souffre de sa solitude est continuellement en recherche de relations fortes et interpersonnelles. Car de nos jours, les individus n'attendent plus de la société qu'elle les aide; dans une société comme la nôtre où le sentiment et l'émotion sont roi et reine, chaque solitaire attend d'être aimé.

Alors qu'il s'agit d'un besoin d'amour, de compréhension et de communication, la collectivité répond en termes d'argent et de structures aux personnes âgées, aux nouveaux pauvres, aux handicapés, aux illettrés, aux immigrés... Or, le phénomène de solitude étant avant tout un phénomène culturel, il conviendrait de s'interroger sur les valeurs culturelles que les hommes seraient susceptibles de partager et autour desquelles ils pourraient se rassembler.

Une nouvelle culture doit être élaborée au profit des hommes qui devront se l'approprier. Culture liée à la solitude; culture liée à la société, elle fera émerger des valeurs qui auront pour vocation de cimenter la société complexe et éclatée qui est la nôtre. Car pour l'heure, il nous faut bien admettre que nous sommes pétris d'une culture individualiste et non plus communautaire; fondamentalement inspirés que nous sommes par des schémas de vie personnels et non plus collectifs. La famille, elle-même, institution forte et fondatrice de notre société, épouse ces schémas : de plus en plus de contrats de mariage sont conclus. D'une manière très significative puisque cela intéresse nos mœurs, on enterre de moins en moins sa vie de garçon à la veille de son mariage : c'est que le garçon continue de survivre à l'époux... Force est de constater avec les sociologues que la famille ne constitue plus une valeur refuge, même si les transformations sociales et culturelles ont très largement nourri un approfondissement et un renforcement des relations familiales.

L'individualisme moderne est pour partie fondé sur une faible demande en liens sociaux de type traditionnel. Mais si la demande est faible, le besoin en est grand, d'où l'émergence des solitudes contemporaines.

Reste qu'aujourd'hui quand on est jeune, on n'hésite pas à cohabiter avant de se marier, et quand on est marié, on n'hésite pas à divorcer.

De son côté, la religion, très malmenée, parvient à se maintenir sur des positions retranchées. Si elle s'épuise à occuper encore un terrain moral, elle a définitivement dû abandonner en revanche le champ des mœurs. L'encyclique du pape condamnant l'usage des préservatifs est fustigée par des jeunes catholiques pratiquants qui, par ailleurs, n'ont pas le sentiment de froisser la morale en vivant en dehors des lois chrétiennes du mariage. Car enfin, la plupart des individus ne se sentent plus confrontés à une morale, mais à *leur* morale. Ainsi apparaissent en strates fines et superposables sur le terrain des valeurs culturelles, la morale des jeunes que leur dispute la morale des femmes...

Des femmes dont certaines disent : « Aujourd'hui, je gère ma vie comme je le veux, parce que je suis seule. » Des femmes, jeunes pour la plupart, qui choisissent de vivre seules, mais qui n'optent pas nécessairement pour la solitude. Une nuance *a priori* tenue qui est néanmoins de nature à contenir la liberté immense que ces femmes revendiquent.

La liberté, donc, nourrit une représentation sociale de la solitude à partir des valeurs culturelles élaborées ou réappropriées par ceux-là mêmes qui font la promotion de cette liberté. Car il n'est point d'individus qui ne se rattachent à aucune culture. Que l'on soit isolé, ou au contraire le point de rencontre de multiples rapports sociaux, l'on a été, l'on est et l'on sera toujours le réceptacle d'(au moins) une culture. Variable d'un individu à un autre, la culture forge des valeurs auxquelles celui-ci ou celle-là se montre attaché. C'est donc fort de ces valeurs culturelles que l'individu construit sa propre morale. Une morale qui se définit moins comme la théorie de l'action humaine soumise au devoir et qui a pour but le bien (acception classique) que comme l'ensemble des règles de conduite considérées comme valables, de façon absolue. On le devine, cette seconde conception paraît moins normative que la précédente; elle est surtout la plus communément admise. De fait, au sein de notre société quelque peu permissive, c'est à peine si une ligne de partage est visiblement tracée entre les notions de Bien et les notions de Mal qui fondent traditionnellement la morale. A la faveur de cette confusion des (principales) valeurs de notre société plusieurs cultures émergent : punks, skineds, dealers, mères porteuses pour couples stériles ou homosexuels, couples échangistes, etc. Cependant, il ne faut pas perdre de vue que l'éducation est souvent à la source, ou plutôt en amont de la plupart des pensées morales et des valeurs culturelles dont son pétris les individus. Ainsi, par exemple, peut-on remarquer qu'une femme ou un homme formés à l'école du divorce (parents, frères, sœurs divorcés...) utilisera pour son mariage un moins bon ciment (socio-affectif) que celle ou celui issu d'une famille où aucun divorce n'est survenu. De la même façon, on peut observer que parmi les mères célibataires, bon nombre d'entre elles sont des jeunes filles de moins de vingt-cinq ans, issues de milieux socialement défavorisés au sein desquels la communication est indigente (au point précisément de ne posséder aucun discours sur la contraception)...

L'individualisme conjugué à la déliquescence de certaines valeurs culturelles intervient donc en amont et à l'aval de certaines solitudes. En n'ayant pour seule finalité, pour seule préoccupation que son bonheur individuel, l'homme se déconnecte de la société. *C'est pourquoi, il est nécessaire de sceller des liens inédits mais profonds avec les autres et entre les autres et la société afin que chaque individu puisse développer sa conscience d'appartenir à une véritable communauté.*

CONCLUSION

Nous assistons donc à une formidable accélération du processus de solitudes dans notre société qui, au fil de son Histoire, s'est radicalement transformée. Les bouleversements institutionnels, sur le plan des structures, ont fomenté des bouleversements d'ordre existentiel, sur le plan des mentalités.

En passant d'une société d'un type communautaire à une société d'un type contractuel, l'homme n'a pas seulement recouvré son individualité et les prérogatives qui y sont attachées; il s'est également libéré d'un quadrillage social qui comprenait normes et valeurs. Car si autrefois qu'on fût noble, clerc ou paysan, la place de chacun au sein de la société était bien définie, cela n'est plus le cas aujourd'hui qu'on se veut libre et indépendant.

Clef de voûte de la vie communautaire, la religion a disparu de notre univers social et avec elle le sens de notre vie que plus rien précisément ne quadrille. Encouragé, galvanisé, en un mot soutenu par le credo de l'individualisme, l'homme moderne, tout occupé à son bonheur personnel, recompose sa vie et les valeurs qui l'animent autour de lui-même. « Cette volonté de vivre pour soi, en dehors de toute contrainte, en écoutant ses propres pulsions, est le dénominateur commun de la société actuelle. Elle traduit à la fois la rupture avec le passé récent et l'angoisse du lendemain », considère pour sa part Gérard Mermet (*Francoscopie,* 1991). De fait, il s'agit là d'un nouveau, très sensible et spectaculaire phénomène auquel certains sociologues ont déjà donné pour nom : égologie. Cette jeune pousse s'observe bien évidemment sur le terreau de l'individualisme, mais déjà sa croissance fait de l'ombre à son tuteur.

Il semblerait en effet que le mouvement égologique prenne de plus en plus d'ampleur. On le voit se manifester un peu partout : dans les syndicats, les partis politiques, les associations, les églises. Bref toutes les structures collectives et organisées auxquelles l'individu a de plus en plus de mal à s'identifier. Dans les familles qu'il n'hésite plus à recomposer à la faveur d'un nouveau mariage ou d'une union libre. Dans son mode de consommation que sous-tend généralement le désir d'acquérir des objets de plaisir...

D'une façon encore très significative, on remarque un intérêt grandissant pour tous les objets, produits ou les biens de consommation et d'équipement se rapportant au corps. C'est que si l'individu est devenu la valeur suprême et que le bonheur individuel constitue une nouvelle religion ; dans cette perspective le corps apparaît comme une cathédrale. Ils sont légion ceux qui à laudes, sexte ou vêpres, célèbrent leur corps.

A l'heure de l'égologie, la culture physique, le footing, le stretching, enfin le sport en général s'annonce comme une religion triomphale du culte du moi. *Mais ce qui paraît étonnant, c'est que cette accélération du processus de solitudes se déroule en plein cœur d'une société dite de communication.* Paradoxale, en effet, est cette société de communication où se développe l'incommunicabilité, gagne l'isolement et se multiplie la solitude. A dire vrai, le problème c'est qu'on confond allégrement de nos jours les moyens de communication que sont les médias et qui, il est vrai, dominent notre univers social, avec ce qui devrait rester le but de la communication, c'est-à-dire : l'échange.

Aujourd'hui, la communication est devenue un facteur

de solitude parce qu'il y a dans son royaume beaucoup moins d'élus que de déchus. Pensez à toutes celles et à tous ceux qui, nombreux, n'ont pas accès aux médias ; qui ne savent pas s'exprimer parce qu'ils n'en ont pas les capacités intellectuelles ou parce qu'ils n'en ont pas les moyens. Certes, on voit, ici et là, que s'opère une prise de conscience individuelle que l'on peut également qualifier de culturelle. Néanmoins, il faudrait que s'organise une prise de conscience collective. D'où une redéfinition des règles de la vie commune. Or cette redéfinition, comme tous les grands projets intéressant l'organisation de notre société, ne peut se faire qu'autour de valeurs dont il faudrait assurer la promotion.

Ainsi, par exemple, on sait que ce sont les notions de partage et d'altruisme que traduit d'une façon actuelle le nouveau contrat social, fondé sur la solidarité. De la même façon, le contrat naturel qui noue des liens entre l'homme et son environnement est en quelque sorte fondé sur la notion de « disciplinarité » ; c'est-à-dire que ce contrat impose à l'individu une discipline, un comportement qui soit adapté aux exigences écologiques d'aujourd'hui et de demain.

L'homme naît seul, il meurt seul, et entre ces deux instants fondamentaux de son existence, il doit aujourd'hui donner un sens à sa solitude. C'est là un problème culturel qui pourrait précisément être pris en charge dans le cadre d'un nouveau contrat. *Il pourrait ainsi s'agir d'un contrat culturel qui viendrait en quelque sorte compléter le nouveau contrat social et le contrat naturel.* Empruntant quelque peu à notre actuel pacte social ses notions de partage et de solidarité, ce contrat culturel imposerait de surcroît la notion inédite et fondamentale de solitarité.

Née du sentiment de solitude que suscite en chacun de nous l'organisation de notre société, la solitarité conduit les solitaires comme les non-solitaires à recomposer de nouveaux rapports entre eux, d'une part, et entre eux et la société, d'autre part. C'est dans le cadre du contrat culturel que pourrait s'élaborer cette nouvelle définition des rapports sociaux. *Fondateur d'une identité neuve, ce nouveau contrat devra inspirer une éthique appuyée sur une nouvelle communication, sur de nouveaux comportements sociaux, et sur de nouvelles mentalités.*

Outre les valeurs de solitarité et de partage, le respect d'autrui, l'écoute, l'échange, le dialogue devront animer l'esprit et la lettre de ce pacte. Un pacte d'un genre particulier puisque, en raison de son objet même, il ne peut être que consensuel et individuel : chacun étant libre d'y adhérer ou pas, sans aucun formalisme. On voit mal d'ailleurs comment la société, à travers ses institutions politiques notamment, pourrait régler ce délicat problème des solitudes. Les politiques n'ont rien à faire dans la vie privée des gens, ce qu'on leur demande en revanche, c'est d'engager une réflexion sur la place de notre société dans la vie de chacun et de redonner un peu plus de perspective à notre existence.

A l'inverse, ce contrat culturel exige beaucoup des individus qui, en se voulant libres, indépendants, égaux et différents, sont devenus les auteurs et les victimes de leur propre solitude. C'est à eux, en effet, qu'il appartient de réformer leur attitude, c'est eux qui doivent nouer les liens entre une conscience et une confiance : la confiance en soi et la conscience des autres; autrement dit, c'est à chacun d'entre eux de s'ouvrir à l'autre.

La majorité des individus oscille aujourd'hui entre le confort matériel et l'inconfort moral. A l'heure où bon nombre souffrent de l'absence de points de repère, et que la plupart demeurent dans l'attente de références communes, l'idée d'un contrat culturel apporte une nouvelle trame à notre société. *Le fond et la liaison de l'organisation de cette société seraient constitués de sentiments humanistes qui, loin de s'opposer au tempérament égologique actuel, s'en inspireraient pour transformer cet amour de soi narcissique en amour de l'autre fraternel.*

Comme l'a écrit Charles de Gaulle : « On ne fait rien de sérieux si l'on se soumet aux chimères, mais que faire de grand sans elles. » C'est pourquoi, si l'idée de contrat culturel peut paraître *a priori* utopique, elle porte néanmoins en germe un humanisme auquel il n'est pas absurde de croire.

De la même façon que le concept parfaitement abstrait de liberté a, aux siècles derniers, exalté tout un peuple, et que celui d'égalité a, à son tour, dominé ce siècle, *on peut raisonnablement imaginer que le XXIe siècle parte en quête de fraternité.* C'est dans cette perspective que notre contrat culturel pourrait naturellement et logiquement s'inscrire puisqu'en se proposant de juguler les phénomènes de solitudes, il jette les bases d'une nouvelle communauté de destins.

BIBLIOGRAPHIE

OUVRAGES DE BASE

Ariès Ph., Duby G., *Histoire de la vie privée*, Editions du Seuil, 1987.
Debasch C., Pontier J.-M., *La société française*, Dalloz, 1989.
Données sociales, INSEE, 1990.
Hannoun M., *Nos solitudes*, Editions du Seuil, 1991.
Lenoir R., *Les exclus*, Editions du Seuil, 1989.
Louvet R., Tournes C., *Seniorscopie*, Larousse, 1987.
Mermet G., *Francoscopie*, Larousse, 1989, 1990, 1991.
Six J.-F., *Le guide des solitudes*, Fayard, 1986.

OUVRAGES SPÉCIFIQUES : SCIENCES HUMAINES ET SOCIALES

Barthes R., *Fragments du discours amoureux*, Editions du Seuil, 1977.
Bettelheim B., *La forteresse vide*, Gallimard, 1958.
Dolto F., *Solitude*, Ergo Press, 1988.
Lacouture J., *De Gaulle. Le politique*, t. 2, Editions du Seuil.
Lipovetski G., *L'ère du vide*, Gallimard, 1983.
Memmi A., *La dépendance*, Gallimard, 1979.
Riesman D., *La foule solitaire*, Arthaud, 1964.
Sullerot E., *Pour le meilleur et sans le pire*, Fayard, 1987.
Vovelle M., *La mort en Occident*, Gallimard, 1983.
Winnicott D. W., *De la pédiatrie à la psychanalyse*, Payot, 1971.
Yonnet P., *Jeux, modes et masses*, Gallimard, 1985.

OUVRAGES SPÉCIFIQUES : RELIGION

Elliade M., *Histoire des croyances et des idées religieuses*, Payot, t. II, 1978 et t. III, 1983.
Foucauld Ch., *Œuvres spirituelles de Charles Jésus, père de Foucauld*, Editions du Seuil, 1958.
Lacarriere J., *Les hommes ivres de Dieu*, Fayard, 1976.

OUVRAGES SPÉCIFIQUES : LITTÉRATURE ET PHILOSOPHIE

Cervantes, *Don Quichotte*, Classiques Garnier, 1977.
Chateaubriand R., *Les mémoires d'outre-tombe*, Gallimard, 1969.
— *René*, Gallimard, 1950.
Defoe D., *Robinson Crusoé*, Gallimard, 1975.

Descartes R., *Discours de la méthode*, Flammarion, 1966.
Goethe, *Faust et le second Faust*, Classiques Garnier, 1969.
Pavese C., *Le métier de vivre*, Gallimard, 1958.
Rousseau J.-J., *Les rêveries du promeneur solitaire. Les confessions,* Gallimard, La Pléiade, 1987.
Shakespeare W., *Othello*, Flammarion, 1964.
Tournier M., *Vendredi ou les limbes du Pacifique,* Gallimard, 1972.
— *Le vent Paraclet,* Gallimard, 1977.

OUVRAGES DIVERS

Breton A., *Les nouveaux poètes maudits,* Le Cherche Midi, Editeur, 1981.
Debray-Ritzen P., *Psychologie de la création*, Albin Michel.
Huyghe R., *Van Gogh*, Flammarion, 1977.
Journal *Notre Temps*, numéro spécial. « Vaincre la solitude », mars, 1990.
Nouvelle revue de la psychanalyse, « Etre dans la solitude », n° 36, automne 1987, Gallimard.
Philippe C. J., *Le roman du cinéma*, t. 1, Fayard, 1984.

TABLE DES MATIÈRES

Imprimé en France
Imprimerie des Presses Universitaires de France
73, avenue Ronsard, 41100 Vendôme
Mars 1993 — N° 38 883